饮·食教室 01

威士忌赏味指南

（日）EI 出版社 编著
方宓 译

http://www.hustp.com
中国·武汉

威士忌基础知识
Basic Knowledge of Whisky
目录

004 我们因何爱上威士忌
酒吧打碟师冲野修也
绘里香酒吧　店主兼调酒师中村健二
作家田中四海／东京艾莱酒吧(Islaybar Tokyo)调酒师佐佐木雅生

016 入门须知——威士忌基础知识摘要
探寻威士忌深广世界之五大步骤

024 调酒师谈如何调制上好的威士忌加苏打水
邀你与"成熟的威士忌苏打"共享夜晚妙趣

040 寻访日本威士忌引以为豪的发展史
日本威士忌品牌历史
山崎／余市／伊知郎

064 "道尔顿先生"(Mr.Dulton)石泽实讲述
苏格兰三大威士忌品牌夜话
麦卡伦／波摩／百龄坛

074 单一麦芽威士忌的圣地
苏格兰寻访

088 威士忌达人传授
调制美味威士忌的法则

090 | 玻璃酒杯影响威士忌的口感
102 | 美味的冰块和水令威士忌饮用平添幸福感
114 | 威士忌与音乐的深远关系

128 点燃火苗，恋上威士忌
当雪茄遇到威士忌

138 威士忌基础知识&91款威士忌名品详解
世界五大威士忌

140 | 威士忌的基础知识
148 | 苏格兰单一麦芽威士忌的基础知识
164 | 调和型威士忌的基础知识
172 | 爱尔兰威士忌的基础知识
178 | 日本威士忌的基础知识
184 | 美国威士忌的基础知识
194 | 加拿大威士忌的基础知识

编者按：市场价格有所浮动，书中价格仅供参考。

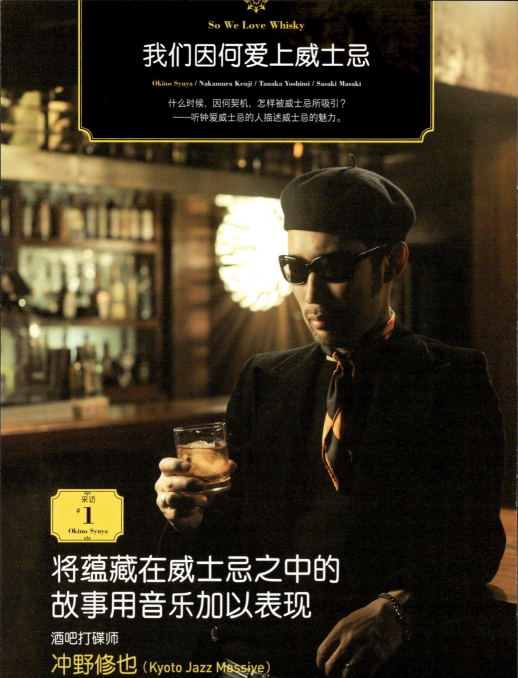

So We Love Whisky
我们因何爱上威士忌

Okino Syuya / Nakamura Kenji / Tanaka Yoshimi / Sasaki Masaki

什么时候，因何契机，怎样被威士忌所吸引？
——听钟爱威士忌的人描述威士忌的魅力。

采访 #1
Okino Syuya

将蕴藏在威士忌之中的故事用音乐加以表现

酒吧打碟师
冲野修也（Kyoto Jazz Massive）

人物简介

引领俱乐部潮流长达18年，系房间酒吧（THE ROOM）的制作人，兼具酒吧打碟师、音乐制作人、作曲家、全球唯一的选曲评论家、撰稿人等多重身份，个人爱好是烹饪。

在俱乐部中,吧台亦是舞台。
希望为酒类的流行趋势发声

"音乐无需语言即可传播,但也有着从语言中被唤起的印象,这也许与威士忌的感觉类似。"冲野修也平静地说。他曾与打碟师川崎(DJ KAWASAKI)为唱片《威士忌模式》(WHISKY MODE)选曲,这是一张表现单一麦芽威士忌与音乐崭新世界观的唱片。他在选曲时,结合了单一麦芽威士忌的独特个性,从包括自己所作乐曲在内的多种多样的音乐题材中进行选择。

与音乐相配的威士忌,究竟是什么样的感觉呢?"当然是在饮用威士忌之后体会出的直观感受,而且乐曲会立刻浮现于脑海之中。但我认为,这种感受是有极限的。如果能够了解那种威士忌的历史和背景,将有助于在更大范围内去感受它们。"借助香气、味道及语言的力量,将威士忌的世界拓展到更远的疆域,以音乐的形式来表现。"心无旁骛地享受威士忌当然是最好的,偶尔也不妨把自己喜欢的威士忌中的故事展开,好比解读一首自己心仪的曲子。"所谓成年人品尝威士忌的方式,或许正是在浅酌之时,想一想这杯威士忌里蕴藏着怎样的故事、适合什么样的音乐,抑或希望在何种情境中品味……

近年来,在威士忌中加苏打水的饮用方式蔚然成风。冲野修也似乎对此也颇为认同,"威士忌中加苏打水,适合在进餐时饮用。可以是啤酒,也可以是威士忌加苏打水。"

"毋庸置疑,威士忌加苏打水实在太好喝

在酒吧打碟师工作的隔间里,威士忌也陪伴在冲野修也左右。

冲野修也担任选曲的《威士忌模式》，在唱片中，他结合单一麦芽威士忌的品牌，选择了适合在各种场景中欣赏的音乐，其中融合了不变的古典音乐的声音，以及经年酿熟令威士忌平添的魅力。

威士忌指南

在音乐声中饮用威士忌所带来的微醺感受，可说是别具风味。熟谙令威士忌美味加分之道的达人，将从本书第114页开始，讲述"威士忌与音乐的深远关系"。

房间酒吧

东京都涩谷区樱丘町15-19
第八东都大厦B1
http://www.theroom.jp/

采访 #1
Okino Syuya

了。在俱乐部这样的地方，除了打碟师工作隔间之外，吧台也是舞台的一部分。我想让这种饮用方式像地下音乐一样，为酒类的流行趋势发声。因此，我想到了威士忌加苏打水的未来。"于是冲野修也提议用麦芽威士忌制作莫吉托，调制时用单一麦芽威士忌——白州威士忌代替朗姆酒，再在上面撒几片薄荷叶，调出一杯口感爽利的鸡尾酒。白州威士忌本身的口感是清爽的，这一点与薄荷叶搭配出的效果很棒。

"我本人喜欢根据不同的场合，来搭配我的衣服、鞋子和车。在喝酒这件事上也是一样。比如威士忌，这是个性鲜明的酒，我就会根据场合选择不同的品牌和饮用方式。因为不同的选择可以变换出不同的心情。"

我最喜欢的威士忌

波摩威士忌

"波摩的魅力在于其独特的烟熏味及浓郁的香气,踏实又有力。"对冲野修也而言,波摩是适合独自静静捧着酒杯,闲闲消磨夜晚时光的威士忌。

麦卡伦威士忌

"如果说波摩是一种男人的酒,那么麦卡伦则给人以时髦之感。在烟熏味之中,还能品出枫糖浆的甘甜。"与恋人边品尝巧克力边对饮的场景,最适合麦卡伦了。

白州威士忌

"富有水果味且口味较轻。非要形容的话,它具有女性化特征,给人以全新的感觉,当与众好友畅饮之时,一定要选择它。"调制房间酒吧最受欢迎的鸡尾酒麦芽莫吉托,使用的威士忌正是白州。

威士忌指南

麦卡伦与波摩、百龄坛并列世界知名的三大苏格兰威士忌品牌,请前往本书第64页,听银座老字号酒吧老板讲述"苏格兰三大威士忌品牌夜话"。

房间酒吧

"白州麦芽莫吉托"

配方
- 白州60毫升
- 威尔金森(WILKINSON)苏打水约60毫升
- 酸橙1/4个
- 薄荷叶15～20片
- 糖浆1茶匙(约5毫升)
- 方糖2颗

★在酒杯中投入酸橙、薄荷叶、方糖浸泡,加入碎冰块,注入白州威士忌加以搅拌,继续注入苏打水,再次轻轻搅拌。

如今在房间酒吧,以单一麦芽威士忌调制而成的"麦芽莫吉托"非常受欢迎。

威士忌指南

无论是在家还是在酒吧,如果你想调制一杯美味的威士忌加苏打水,恣意享受一番的话,请翻阅本书第34页,看"调酒师谈如何调制上好的威士忌加苏打水"。

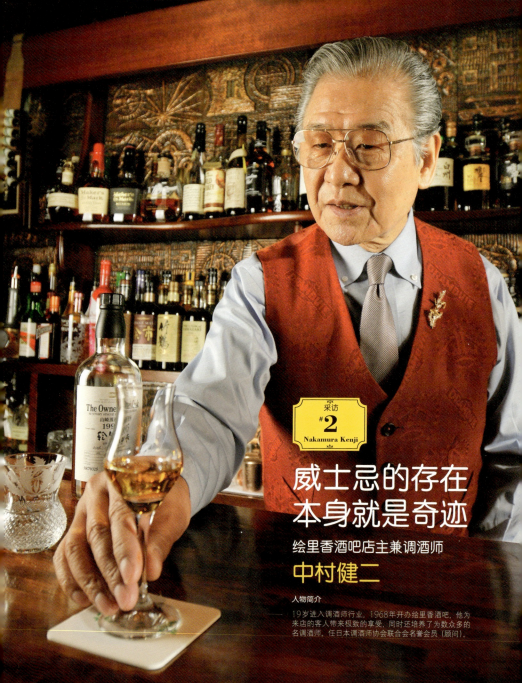

So We Love Whisky

我们因何爱上威士忌

Okino Syuya / Nakamura Kenji / Tanaka Yoshimi / Sasaki Masaki

采访 #2
Nakamura Kenji

威士忌的存在本身就是奇迹

绘里香酒吧店主兼调酒师

中村健二

人物简介

19岁进入调酒师行业，1968年开办绘里香酒吧，他为来店的客人带来极致的享受，同时还培养了为数众多的名调酒师，任日本调酒师协会联合会名誉会员（顾问）。

在威士忌中滴入几滴水，
便可闻见雨后玫瑰的香气

代表了日本水平的名调酒师中村健二，谈及威士忌必须在木桶中经过长时间的酿熟后方可问世时说道："这本身就可以说是一种奇迹。"

"在酿熟过程中，有些麦芽的品质会下降。正因如此，当我品尝威士忌时便会感慨其成熟之不易。10年、12年、18年……酿熟年份越久越昂贵的风潮业已形成，但我认为不同的年份各有其优势。"中村健二如此描述威士忌的魅力。

1

2

图中这杯鸡尾酒"罗布罗伊"由中村健二用威士忌调制而成，以苏格兰侠盗罗布罗伊为名。左后方的品酒闻香杯仿照了苏格兰的国花——蓟花。

威士忌指南

当你注视着这一列威士忌酒瓶时,便会产生一探它们的口味和香醇的好奇心。让我们带你前往本书第138页的"世界五大威士忌",去寻访威士忌深广的世界。

中村健二身后的酒架上,整齐地摆放着苏格兰威士忌、爱尔兰威士忌、加拿大威士忌、美国威士忌,以及来自日本五大产地的威士忌。

采访 #2
Nakamura Kenji

独立开店之后,中村健二毫不犹豫地将酒吧命名为"绘里香"(译注:日语发音Erika,即石楠,一种用于酿制苏格兰威士忌的顶级原料)。自那以后,他便扎根银座43年,将爱如生命的威士忌源源不断地带给世人。

作为一名调酒师,中村一直都很珍视顾客的需求。"调酒师想要调制出的口味,未必就是顾客想要品尝的。而正因我们与顾客近在咫尺,对他们的反应一目了然,才能真正了解他们对口味的需求。"

中村健二还介绍了几个品尝威士忌的妙法,初识威士忌的人士务必一试。

"在品酒闻香杯中注入威士忌,先喝一口,瞬间享受到威士忌的醇香。然后用小勺盛2~3勺软水加入威士忌中,再喝一口,品味酒香与味觉的变化。接下来就可以根据自己的喜好,加入一定比例的水或冰块再品尝了。这几步下来,在一杯威士忌中可以品出3倍甚至4倍的妙趣。"

假如在尚未品尝出威士忌的醇香、口感及回味之时加入水或冰块,便会失去与威士忌

三得利山崎蒸馏厂

**1995年绘里香
私人藏桶威士忌**

绘里香开业40周年纪念款威士忌。所谓私人藏桶,是指由定制者选择酒桶,在山崎蒸馏厂存放一年方才贴标。此款酒仅出品168瓶,因此十分珍贵。

**美格波本威士忌
绘里香酒吧贵宾专用瓶**

美格以其稳重深沉的个性,征服了不少本不喜欢本波威士忌的人,尽管瓶身可以标识红色、黑色、金色、VIP等,但能够提供贵宾专用酒瓶,方不愧为绘里香。

**格兰多纳
1968年窖藏威士忌**

这样一瓶威士忌,来自位于苏格兰高地东侧的蒸馏厂。其名称有"黑树莓之谷"之意,酒液散发雪莉桶的甜香。开始窖藏的1968年也正是绘里香开业之年,如今已不在市面上出售了。

独具的个性邂逅的快意。"还有,热威士忌也很美味。加入等量的热水,再放少许砂糖,其实这才是我每晚喝威士忌的方法。"托每晚两杯热威士忌的福,中村健二才拥有了连伤风感冒都不敢近身的健康身体。

近年来,每当他出国访问之际,都会带上日本威士忌作为馈赠的礼物。"日本威士忌的历史虽不过100年,但其间的进步却十分了得。在世界范围内,生产威士忌的老牌正统国家仅有5个。我认为,我的工作就是把日本威士忌这个东洋奇迹推广到全世界。"

绘里香酒吧
中央区银座6-4-14
HAO大厦2F
☎ 03-3572-1030
营业时间:
周一—周五 17:30—2:00
周六 17:30—23:00
周日、法定节假日休息

So We Love Whisky
我们因何爱上威士忌

Okino Syuya / Nakamura Kenji / **Tanaka Yoshimi** / Sasaki Masaki

"人们普遍认为,威士忌是一种烈酒。但其妙处在于,可以变化出各种各样的饮用方法及享受方式。悠闲地享受浪漫酒香的时光,实在是无比美好。"田中四海手中握着酒杯,靠在吧台边如此感叹道。

今夜享用的这一杯威士忌是竹鹤17年。"果实和燃烧的焦糖,令人联想起葡萄干的香味,与酒桶酿熟的香气发生恰到好处的冲撞。喝干了的空酒杯中,酒香依然徘徊不去,令人久久沉浸在其余韵之中。"

采访 #3
Tanaka Yoshimi

今夜沉迷于浪漫酒香,亦不可错过那一杯威士忌

作家
田中四海

人物简介
自由作家,散文作家,品酒师,占卜术师,钟爱酒类,最爱威士忌,著有《如何享用单一麦芽威士忌》《用英语占卜"你的运势"》等书。

陶醉于缓缓变幻的味道之中

先直接纯饮,继而加水,充分享受杯中变化出的香味。如此多重变化,扩散出甜美香味的威士忌,与成熟女性可谓是绝配。

"在享用酒的香味这个层面上,威士忌与葡萄酒是类似的。但威士忌有纯饮、加冰、加水等各种喝法,而且开瓶之后不必一次性喝完,这些都是葡萄酒所没有的乐趣哦。"

田中四海心仪的威士忌之一是格兰杰纳塔朵,这是一种单一麦芽威士忌,在波本的空酒桶中酿熟10年以上,然后在苏特恩白葡萄酒的橡木酒桶中酿熟而成。

"一种柠檬塔那样的甜酸味道,加蜂蜜煮出的橙子的香气,香草味中略带苦涩。如果在杯中注入少量水,便可析出糖果的甜味。"有时还可以加一些冰淇淋在其上,喝起来更有种甜蜜。

在她看来,当工作告一段落,想要享受浮生半日闲的时候,就适合选择一杯威士忌。在她家中有一个角落,专门陈列着苏格兰威士忌、波本威士忌、日本威士忌等30个她喜欢的品牌。

我最喜欢的威士忌

竹鹤12年麦芽威士忌

用经过白果威士忌的余市蒸馏厂、宫城峡蒸馏厂长期反复酿熟的麦芽威士忌调和出的纯麦威士忌。酒桶酿熟香气恰到好处,酿制过程复杂,但从中可以品出调和而成的味道。

响12年调和型威士忌

在储存过梅酒的酒桶中酿熟的麦芽原酒,与酿熟超过30年的麦芽威士忌调和而成。酒中含有菠萝和山莓、蜂蜜和香草的香气,这才是日本威士忌的味道。建议先纯饮来品味。

泰斯卡10年麦芽威士忌

酒香令人联想起天空岛的海洋,口味中带有烟熏味,且略辛辣,酒精度45.8°,虽然烈酒口味极重,但舌头在强烈的刺激之中依然能够尝出焦糖的甜味,此款威士忌好比将天真隐藏于烈性之下的谜一般的人物。

选择一款适合当日的心情的威士忌,纯饮也好,加水也好,随性而为,熟客还可以坐在吧台,边啜饮边闲谈。

拉法耶特酒吧
东京都涩谷区东4-9-13
☎ 03-3499-0886
营业时间:20:00—2:00 年中无休

拉法耶特,每日必来的酒吧……

So We Love Whisky
我们因何爱上威士忌

Okino Synya / Nakamura Kenji / Tanaka Yoshimi / Sasaki Masaki

采访 #4
Sasaki Masaki

为单一麦芽威士忌的香味所震撼

东京艾莱酒吧 调酒师
佐佐木雅生

在位于东京六本木的东京艾莱酒吧，可以见到苏格兰威士忌、爱尔兰威士忌，以及日本的所有单一麦芽威士忌品牌，数量超过1500种。当东京艾莱酒吧的调酒师佐佐木雅生初次喝到单一麦芽威士忌时，即被其香味震撼，从此便进入了单一麦芽威士忌的世界。"一开始因为喝不了威士忌，还一度在威士忌里兑可乐。可是当我第一次喝到波摩的时候才惊觉，自己以前喝过的那些威士忌简直就是不值一提。"

人物简介

调酒师。2008年进入艾莱麦芽威士忌屋，已获得苏格兰文化研究所的威士忌专业人士资格，自2009年11月起，以东京艾莱酒吧店长身份，为顾客调制单一麦芽威士忌。

回溯记忆中的味道，
将其注入这一杯威士忌

"简单来说，威士忌的味道多变，不同种类的威士忌，可以品出迥异的味道。一开始我从认识这一点入手，开始了自学。而学得越多，越发现单一麦芽威士忌的奥妙无穷无尽。后来也是缘分使然，我进入了单一麦芽威士忌专卖店艾莱麦芽威士忌屋，开始了调酒师的生涯。"

尽管店内单一麦芽威士忌超过1500种，佐佐木雅生却记得其中每一种的味道。"一开始我从书本里学习各种品牌，然后对照着它们分别去品尝，用舌头去记取它们的味道。渐渐地，我连休息天自己出去喝一杯的时候，也要点威士忌了。"

店里的常客对佐佐木雅生非常信任。"留心观察顾客，记住他们的喜好。为他们调酒时，就可以回溯记忆中的味道，调制出属于他们的单一麦芽威士忌。对我来说，能够调出与顾客当天的心情匹配的威士忌，是一件非常喜悦的事情。我还想把单一麦芽威士忌的魅力，介绍给那些从未品尝过它们的人。"

靠墙而立的架子上，整齐地摆放着单一麦芽威士忌。顾客可以在洋溢着古典气息的舒适环境中，品味单一麦芽威士忌。这里会细心询问顾客的口味偏好，一定可以令顾客心满意足。

我最喜欢的威士忌

班瑞克1975年摩登教主 (The Modern Masters) 单一麦芽威士忌

1975年的单桶威士忌，酒液呈淡琥珀色，散发的香气类似牛奶和香草。

朗摩1978年 25年苏格兰麦芽威士忌协会 No.7.24

是一款仅限苏格兰麦芽威士忌协会会员购买的原酒，散发浓郁的热带水果香味。
（译注："7"代表酒厂编码，"24"代表酒桶编号）

云顶10年 艾莱酒吧专用瓶

此款麦芽威士忌是在云顶（SPRINGBANK）酒厂中，完成从大麦发芽到装瓶的一条龙工序，其特有的甜香味道，令女性无法抗拒。

东京艾莱酒吧
东京都港区六本木3-1-19
第8比雷吉大厦1F
☎ 03-3505-3500
http://homepage2.nifty.com/islaybar/
营业时间：18:00～2:00 周日休息

入门须知

威士忌基础知识摘要

探寻威士忌深广世界之五大步骤

来自"欧巴酒吧"的调酒师山本悠可为我们奉上"威士忌入门须知"摘要版。欢迎来到琥珀色的世界探幽揽胜！

步骤 1

了解五大威士忌品牌

寻找心仪的那一款

威士忌首先可以根据其生产国，进行大致的划分。
只有明确自己究竟心仪哪个国家的威士忌，方能找到最适合自己的那一款。

人物简介
山本悠可

1978年生，自OL（都市女性白领）时代起便在酒吧打工，2003年从NBA（日本调酒师协会）调酒师学校毕业，同年入职"欧巴酒吧"。曾获多个赛事的冠军，包括第8届酒吧女性鸡尾酒大赛长饮类组冠军，2005年三得利鸡尾酒大赛长饮类组冠军，轩尼诗鸡尾酒大赛轩尼诗东京组冠军，雪莉鸡尾酒大赛2008年冠军。

店铺信息
欧巴酒吧
地址：东京都中央区银座1-4-8-B1
☎03-3535-0308
交通：东京地铁有乐町线
从银座一丁目站步行约1分钟
营业时间：周一——周五 18:00—3:00
周六 24:00　周日、法定节假日休息
座位数：21
※服务费500日元

从全球五大产地
寻找命中注定的那一瓶威士忌

　　首先，我们需要了解全球五大威士忌主要的产地。日本威士忌也位列这"五大威士忌"之中。

　　有意思的是，每个产地、每种原料所酿制的威士忌，都有其个性。也不乏类似"我喜欢没有癖性的威士忌，因此喝过几次爱尔兰威士忌，才萌生出要去寻找自己偏好的那一口"的乐趣。

　　"欧巴酒吧"的调酒师山本悠可说："无论

World of Whisky

Canadian
加拿大威士忌

其特点是口感清淡，顺滑。因其较为平和，很多人喜欢用它来做鸡尾酒的基底酒。其中著名的有使用加拿大俱乐部所调制的曼哈顿酒。如果有人问起"我想喝威士忌，但不知道选择哪一种"的话，可以指点其选择加拿大威士忌。

Japanese
日本威士忌

"日果威士忌"（NIKKA）的创始人竹鹤政孝曾赴苏格兰研习威士忌酿制技术，回国之后便进入了寿屋（今天的三得利山崎蒸馏厂）。因此，日本威士忌的酿制方法与苏格兰威士忌的基本相同。在日本，因其绵密的口感与日本食物相得益彰，且酒香上佳而广受好评。在国际上，日本威士忌的品牌也在不断扩张。

American
美国威士忌

在美国威士忌的队伍中，波本威士忌是比较有名的。其酿熟所用的酒桶内侧经过烘炙，因此酒味略苦，但兼有芳香和甜美。另有玉米、黑麦为原料，酿制出味道多样的威士忌。对于看着美国电影成长起来的一代而言，他们更愿意接受美国威士忌。

Irish
爱尔兰威士忌

这是历史最久远的威士忌。其蒸馏厂不如苏格兰那么多，受流通品牌所限，品种相对好记，口味也偏柔和，容易为初次品尝威士忌的人士所接受。与苏格兰威士忌相比，爱尔兰威士忌更清淡，且泥煤香气更深沉。

Scotch
苏格兰威士忌

1853年，调和型威士忌上市，成为威士忌向全球范围开疆拓土的奇迹。而且，单一麦芽的苏格兰威士忌，在近年的单一麦芽威士忌风潮中，起到了推波助澜的作用。除此之外，将多种麦芽威士忌与谷物威士忌制成的调和型威士忌也非比寻常。

除五大威士忌之外的其他威士忌

在葡萄酒的世界中，除了法国、意大利等老牌生产国之外，美国、智利等新兴的产地生产国被称为葡萄酒新世界。近年来，威士忌生产国中也成长起了一批新生力量。虽然它们的身影在酒吧和商店中并不醒目，但也赢得了不少人气。比如在德国、澳大利亚，威士忌酿造业正在日益兴盛起来。

是谁，一开始都不会认为单一麦芽威士忌有多么好喝。虽然我一直都爱喝酒，也只有当上调酒师之后才真正明白。

刚开始进酒吧喝酒时，最好承认自己对威士忌一无所知，只是想尝试一下单一麦芽威士忌，其他的就全权交给调酒师吧。

作为调酒师，其职责之一在于，相信一定有一款酒是能够满足那个顾客的口味的，自己所要做的，就是把它找出来；或者是把爱尔兰威士忌、加拿大威士忌这样相对而言较为平和的威士忌推荐给初次尝试的顾客。

两种个性难分伯仲
根据喜好分别饮用
单一麦芽威士忌与调和型威士忌

初尝威士忌的人士,也许会困惑于单一麦芽威士忌与调和型威士忌的区别。
其实二者各有特色,只需根据自己的喜好加以选择。

管弦乐团

调和型威士忌

将数种麦芽威士忌、谷物威士忌调和在一起,调制出相同的味道。调制方法不同,酒液的特性也不同。

独奏音乐会

单一麦芽威士忌

以格伦利物威士忌和麦卡伦威士忌为代表,每个蒸馏厂和酒桶所酿制出的酒液,其特点都各不相同。饮用方法有纯饮等。

信息栏

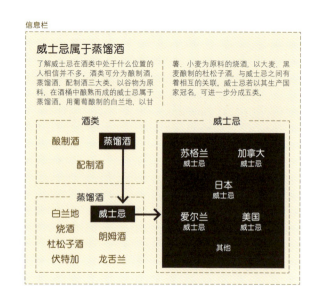

威士忌属于蒸馏酒

了解威士忌在酒类中处于什么位置的人相信并不多。酒类可分为酿制酒、蒸馏酒、配制酒三大类,以谷物为原料,在酒桶中酿熟而成的威士忌属于蒸馏酒。用葡萄酿制的白兰地,以甘薯、小麦为原料的烧酒,以大麦、黑麦酿制的杜松子酒,与威士忌之间有着相互的关联。威士忌若以其生产国家冠名,可进一步分成五类。

每个品类都各具特色
根据个人喜好选择即可

在五大威士忌之中,苏格兰威士忌和日本威士忌分属于单一麦芽威士忌和调和型威士忌。单一麦芽威士忌指在一个蒸馏厂中酿制而成的威士忌,而调和型威士忌,则是由多种麦芽威士忌与谷物威士忌等调和而成。受近年来流行风潮的影响,单一麦芽威士忌有人气走高的趋势,但这并不意味着它比调和型威士忌更加贵重。

对于二者,山本悠可是这样描述的:"如果用音乐来打比方的

步骤 **3**

饮用威士忌的正确方式
了解不同的饮用方法所变化出的味道

在酒类中,能够变化出从纯饮到兑苏打水等各种饮用方法的酒并不多,而不同饮用方法带出迥异风味的酒则可说凤毛麟角。品味如此丰富的变化,也是饮用威士忌的乐趣之一。

纯饮
可以尽情地品出威士忌的个性风味。如选择窄口酒杯,更可衬托酒香的浓郁。

对半加水
在威士忌中加水,二者的比例为1:1。由于不是加冰块,即便长时间放置也不会冲淡酒液,可以长久享用。

加冰块
随着冰块在杯中逐渐融化,风味也在变化之中,一般选择大块冰。

加水加冰块
威士忌和加入其中的冰水比例为1:2~2.5。水选择软水,调制出柔和的口感。

威士忌苏打
与喝啤酒感觉相似,建议进餐时饮用。这种饮用方法让心仪的麦芽威士忌别具风味。

话,调和型威士忌好比一个管弦乐团,乐团指挥(调酒师)将钢琴、大提琴及其他乐器(麦芽威士忌)组织在一起,共同演奏乐曲。而单一麦芽威士忌,则好比一种乐器的独奏音乐会。"

威士忌加冷水
让香味得以展开

在酒精度数较高的威士忌中加冷水,可以激发出原本被锁在酒精中的香气,从而令酒香倍加浓郁。

让我们找到一款心仪的威士忌,手持酒杯,尝试各种饮用方法,充分品尝变化丰富的风味吧。

饮用威士忌,基本上会从纯饮开始,让少许酒液与舌头接触,细品之后即喝一口水……如此交替几次,再加入与威士忌等量的冰水,继续品味。如果进食时饮用较烈的威士忌,兑入苏打水,即可获得一杯与任何菜品都很相配的威士忌。而且苏打水的爽利还可以刺激食欲。

步骤 4

家中、酒吧，都是我们畅饮威士忌的好地方
了解如何根据场所享用威士忌
享用威士忌的方式不计其数

可以在灯光昏黄的酒吧中啜饮，
也可以在家中与朋友边畅聊边畅饮。

**调酒师与顾客交流
方能准确了解其需求**

啤酒和兑了苏打水的烧酒，都是可以连喝数杯的，而威士忌却只适合悠闲地伴着时光的流逝，一点点去品味。最适合饮用威士忌的场所，不是居酒屋，而是酒吧或自己家中等让人放松的地方。

"如果要饮用威士忌的话，建议选择自己熟悉且信任的调酒师服务的店。所谓酒吧，其实还是由一个目光犀利的调酒师严格挑选酒杯，从他们试调的那一杯威士忌就能感受到愉悦的地方。如果在酒吧有幸喝到一杯自己喜欢的威士忌，可以从店里买下一瓶带回家，在家中尝试纯饮、加冰块、加苏打水等各种方法，享受更多的乐趣。"——山本悠可如此建议道。

"建议顾客将自己喜欢的口味清楚地告诉调酒师，如果不懂就直说不懂。调酒师经过几番对话，调出几杯让客人喝过之后，也就能知道该顾客的口味了。"

也可以在酒吧找到最合口味的威士忌，在家中品尝心仪的品牌。

最近有不少人选择在自己家中品味威士忌，这似乎已形成风潮了。

"在酒吧中找到一款合口味的品牌，买一瓶带回家，就可以悠闲地细品。因为若要将一瓶威士忌品到极致，必须独自将各种饮用方法都试过。还可以呼朋唤友，来家中共享美酒，进餐之际喝上一杯。"

另外，对冰块和水的配比严格要求的话，还可以令威士忌的口味和香味更佳，这也是威士忌的魅力之一。冰块尽量用软水或纯度高的水制成。不要用自来水，而要用矿泉水，这是常识。使用软水是普遍共识，但有时也会因特殊的口感要求而选择硬水。

不知选择哪种威士忌

初尝威士忌的人士，不建议选择单一麦芽威士忌，而应选择调和型威士忌，以便配合所有的饮用方式，以及搭配餐食。

信息栏

酒吧礼仪须知

在酒吧中举止有失分寸的话，心情也会大打折扣。因此，在酒吧仍应保持自律。如果坐在吧台边，请勿脱鞋或做出其他失当的行为。

选择买来的冰块和软水

请不要用在自家冰箱中做出的冰块，而应从便利店中购买矿泉水制作的冰块。水应选择软水。

手机调成静音模式

不要接打手机和收发短信，应关机或调成静音模式。

短饮料应在短时间内喝完

如果计划悠闲地饮用，请选择纯饮或长饮鸡尾酒。

选择心仪的酒杯烘托气氛

在家中饮用可不必讲究礼仪，只要准备一个自己喜欢的酒杯即可。

雪茄抽完也不要掐灭

实际上掐灭雪茄的行为，是对酒吧表示不满的信号。

仔细聆听与调酒师的对话

不要卖弄自己的半吊子知识，而应虚心倾听专业的意见。

步骤 5

食材为威士忌锦上添花
用心搭配下酒小点，令威士忌风味升级

略加心思，便能令威士忌风味升级，找到与威士忌相得益彰的下酒小点，成就它们一场完美的结合。

威士忌苏打饮法可搭配所有菜品

重口味的单一麦芽威士忌，能与之搭配的菜品很有限，这时不妨兑一些汤力水，还可以投入少许柠檬皮来增香。

选择硬质奶酪

奶酪可是搭配威士忌的招牌小点。硬质奶酪可与任何威士忌相配，尤其是蓝奶酪。

腌制品的香味提升泥煤香味

单一麦芽威士忌的泥煤味与腌制品的香味是绝配，尤其推荐烟熏鱼或肉。

纯饮建议与水果或薯条搭配

浓缩了水果的甜酸味道的水果干及薯条，搭配重口味的威士忌非常合适，还可以同时补充矿物质和食物纤维。

单一麦芽威士忌搭配巧克力

单一麦芽威士忌的泥煤味与巧克力融合得很好，而考虑如何搭配巧克力的过程也十分有趣。

发现食材与威士忌的共同点

选择与威士忌相配的小点的方法，可说是短平快、效率高。选择的标准就是，与威士忌的风味相配，与产地相配。比如，岛屿区麦芽威士忌的泥煤味较重，应选择烟熏味的小点。海产品或盐腌食品，与出产自四面环海的岛屿区的威士忌，是势均力敌的一对。另外，在雪莉酒桶中酿熟而成的深色威士忌，也较为适合水果干类小点。

如果酒香特别浓烈，且可搭配的食材有限的话，可以尝试在威士忌中兑入苏打水，以增强威士忌的顺喉感，而且这种饮用方法也适合所有的菜品。其中，加拿大威士忌、爱尔兰威士忌中的调和型威士忌是相对百搭的。

信息栏

相互衬托，食物与威士忌的完美结合
同享单一麦芽威士忌与巧克力！

基于威士忌与食物香味的组合，以及对口感的想象，
为巧克力寻找一款非它莫属的威士忌。
借着巧克力，加深对威士忌的了解。

家豪威士忌 × 生巧克力
家豪威士忌富有浓郁的香味，尤其受女性的欢迎。其奶油般绵密的口感，与入口即化的生巧克力十分相配。家豪威士忌一般选择纯饮或加冰块。

格伦利物威士忌 × 坚果巧克力
格伦利物威士忌适合与所有菜品搭配，酒液中留有隐约的坚果香味，与坚果类是绝配。适合纯饮和对半加水的饮用方法。

拉弗格麦芽威士忌 × 白巧克力
因其产地艾莱岛四面环海，拉弗格麦芽威士忌令人联想起盐分。不妨与压得住咸味的白巧克力搭配品尝。

艾伦威士忌 × 橘皮味巧克力
艾伦威士忌的味道令人联想到柑橘类水果的香味，与橘子味的巧克力，添加了柠檬和醋的菜品能够和谐搭配。建议纯饮和兑苏打水。

麦卡伦威士忌 × 焦糖巧克力
麦卡伦威士忌本身具有白糖溶化般的糯软甘甜，以及焦糖那样的香草香味，建议与焦糖口味的巧克力共同享用。

高地公园威士忌 × 黑巧克力
产于奥克尼群岛的高地公园威士忌，特色香味令人想起黑巧克力。纯饮的方式和黑巧克力的口味都具有成熟的风味。

与威士忌苏打
共享属于
你的夜晚

在酒店酒吧的特殊空间中解放自我

东京港丽酒店"28"酒吧
×
小泉霓洛

人物简介

以一名波萨诺瓦歌手的身份,活跃在大阪及其周边地区,2007年凭借专辑《Bossa@NILO》出道,迄今已发行过3张专辑。最令她感到愉快的事情,是在结束了现场演唱会之后,去到一家有爱酒的老板坐镇的店里,享用一杯麦卡伦威士忌。她的业余爱好是骑自行车、越野跑等户外运动。

http://koizumi-nilo.jp

邀你与"成熟的威士忌苏打"共享夜晚妙趣

在人们的印象中,威士忌苏打一定是居酒屋的标配饮品。近年来,去酒店内设酒吧或正规酒吧小酌一杯的女性越来越多。

当我们从白天忙碌的喧嚣状态中解放出来之际,有一个空间可以留给自己,作为对自己的犒劳,那就是东京港丽酒店的酒吧及休闲会所"28"(TWENTIEIGHT)。

透过高达8米的落地玻璃窗,彩虹桥和东京海湾地区辉煌的夜景在室内流水般铺开,波萨诺瓦音乐轻柔地环绕四周。为我们的忙碌画下休止符的,正是这杯威士忌苏打。

嗯?威士忌苏打?

不错!近年来,威士忌苏打不知不觉已站到了流行风潮的前列。这听起来像古时候在打着红灯笼的街边小吃店里,用来给大叔提升锐气的饮料。可就在今天,成熟女性们亦可从威士忌苏打中获得温暖的力量。入喉时的清冽,穿越鼻腔的麦芽清香,为其平添了高贵之感。这里的威士忌苏打,与居酒屋中的标配威士忌苏打,已经是完全不同的两个概念。

我们带着一探威士忌苏打精髓的心情,迫不及待地来到了这家酒吧。而我们所邀请的嘉宾,则是波萨诺瓦歌手小泉霓洛小姐。

"我平时都在居酒屋里喝喝瓶酒、烧酒之类的,不过我也很喜欢威士忌苏打,而且很感兴趣。"

从小泉小姐的外表,很难想象她如何在男性顾客居多的酒吧里现场表演。接下来,就让我们与她一起,去探寻威士忌苏打的魅力,并享受那奢侈的休闲时光吧。

威士忌苏打也可以满足点菜挑剔的顾客,酒吧里准备了种类丰富的麦芽威士忌,即便菜单上没有,也可以放心大胆地向侍者询问。

在碳酸饮料泛起的泡沫中
优雅展现麦芽的风味

"使用白州、山崎或其他一些单一麦芽威士忌,可以调出极品威士忌苏打。即便是便宜的威士忌,也能变得非常美味,这正是威士忌苏打的魅力。而兑入碳酸饮料所带来的爽利口感,入喉的顺滑感,也是其大受女性青睐的原因。"

说这段话的,是东京港丽酒店"28"酒吧的经理信田丰。他家中常备着各种各样的威士忌,以便随时能够享受威士忌苏打。

当我们要求霓洛小姐介绍她独家的威士忌苏打调制秘方时,她爽快地传授了一种在家简易调制即可获得美味的方法。

"首先在酒杯里放满冰块,接着注入威士忌,用鸡尾酒搅拌棒搅动10下,让杯壁冷却下来。继续倒入苏打水,搅动1圈,让其充分融入液体中,这样就完成了。威士忌与苏打水的比例大约为1∶3。其实威士忌苏打就是酒和苏打水按比例组合这么简单。无所谓哪种方法才是正确的,可以按照自己喜欢的方式来。"

在自己家里享用的话,可以变化出各种花样。比如改变威士忌和苏打水的比例,分别用单一麦芽威士忌和调和型威士忌等不同品牌来尝试,希望大家都能够调制出最适合自己的专属风味。

与威士忌苏打
共享属于
-
你的夜晚

从酒店大楼地上28层的巨型落地玻璃窗向外远眺,可以将海湾美景完美地收入眼底。浜离宫恩赐庭园在视野中一览无余,白天与黑夜、晴天与雨天、不同季节,不同气候所营造出的氛围,都可以在这一片远景中尽情享受。

高约3米的架子上,摆放着包括利口酒在内的100多种酒,高高的天花板呈开放式,最适合环绕现场音乐声,18年的格伦利物威士忌在架子上闪烁着获奖无数的光芒。各种各样的名品威士忌齐聚于此。

与威士忌苏打
共享属于

你的夜晚

根据不同的心情和季节略加设计 这就是专业人士的技法

**东京港丽酒店
"28"酒吧**

东京都港区东新桥1-9-1
东京港丽酒店28层
☎03-6388-8000(代表)
http://www.conradtokyo.co.jp
交通:都营大江户线
从汐留站步行1分钟
营业时间:10:00—23:30
周六、周日、法定节假日9:00—
年中无休
座位数:约100
※音乐会期间加收服务费1800
日元(酒店住客免费)

变换不同的品牌和苏打水的碳酸量,威士忌苏打就会带给人迥异的感觉。在可以欣赏完美夜景的酒店酒吧也好、常去的酒吧也好,在自己心仪的空间里品味威士忌苏打,跟随当时的心情和季节,变换不同的品味方式。这,莫不就是信田所说的"成熟的威士忌苏打"?

"最近有些顾客会指定使用某种苏打水。我们店里有柑橘风味的汤力水、

1. 对半加冰的威士忌是用30毫升威士忌,和30毫升碳酸饮料调制的,用碳酸饮料代替水,则又成了另一种喝法。
2. 点心的品种每日更换,每种700日元起,包括下酒小菜及甜品。
3. 每桌均配有蜡烛,以营造浪漫气氛。

1

微量碳酸成分的清淡的巴黎水等,提供给顾客选择。如果再加入柠檬和果皮,这种时髦的喝法就更符合女性的要求了。即便是同一品牌的威士忌,放不同的果皮,喝起来的香味是完全不同的。这一点顾客可以任意选择。鸡尾酒比较适合加柠檬片,而威士忌苏打的话,品味酒中的麦芽香味是个很大乐趣,因此只需加一点点果皮就足够了。比如,春天可以点缀少许薄荷叶,增加清爽口感。这样一来,季节感就呼之欲出了。"

偶尔去豪华酒吧奢侈一下的时候,这些起到点睛作用的小技巧,也可以让自己更加愉悦。

那么,霓洛小姐和信田所推荐的成熟的威士忌苏打,你感觉怎么样呢?

"感觉跟传统意义上的威士忌苏打完全不同,是与优雅时刻完美匹配的威士忌苏打。一经对比便可知道,不同的麦芽威士忌,其个性也是不同的。而不同的果皮也能带出各异的风味。这才是成熟的威士忌苏打。在漂亮的酒吧里,利落地点上这样一杯,是多么潇洒啊。而它的酒精度又只有啤酒的一半,因此未来会越来越受欢迎。"

港丽酒店"28"酒吧除周日、周一外,每天从晚上8点起会安排现场音乐会,与优美的夜景和高级的威士忌苏打相得益彰。

2

3

站在店主以其收藏的画作装饰的墙壁前,二人谈话的兴致超高。

手工制作的威士忌苏打酒杯,其底部的厚度有别于其他酒杯,为避免当一杯酒送到柜台时将酒液洒出杯外,特地选取了厚的玻璃材料来制作杯底。

喧嚣繁华的银座。车站附近的大楼,有着连接地下通道的层层台阶。在它的前方,有一扇厚重的门正静静等待,门后是一种久远的风情,仿佛从未改变。

这里就是银座桑博雅酒吧,隶属于桑博雅集团。其前身是1918年在大阪创业的饮食店(译注:原文为milk+hall,指明治、大正时期在日本城市中大量存在的饮食店,主要供应牛奶)。在第二次世界大战前,用方形酒杯盛装,且不加冰的威士忌苏打就很有名气。银座店于2003年开店,虽立足于新天地,却仍洋溢着浓厚的怀旧风情。我们把哈雷摩托女骑手——朝气蓬勃的荒木惠请到了这家传统与淳朴并存的酒吧中。很多人都知道,她本身就是个爱酒人士。

"今天就是个在银座喝酒的好日子,因为

新鲜出炉的以口蘑为配料的勃艮第煎羊小排，售价800日元，菜品丰富也是桑博雅酒吧的魅力之一。

与威士忌苏打
共享属于

你的夜晚

（右图）用乐器、古老的洋酒瓶及画作装饰的墙面。（下图）来店的顾客大多选择角瓶威士忌来调制威士忌苏打，售价1000日元（大角瓶），因此这里存放着各种各样的洋酒。

"我不用骑摩托。"当妆容精致、身着时髦连衣裙的荒木惠出现在我们眼前时，带给人的观感与平时不太一样。

当我们向她推荐著名的威士忌苏打时，她说："嗯！好喝！心情都一下子好起来了！"她顿时变得兴高采烈。

"下午3点就开店是不是太早了？有人会在这个时间进来喝酒吗？"当店主新谷尚人被问到这个问题时，肯定地回答"有"。他的手中还在调着第2杯酒。

"不少人来我们店里，喝过两三杯就走了。比如陪太太出来逛街的先生，实在逛不下去了，进来这里打发时间的。"

有些熟客每天都来，聊些大同小异的话

荒木惠感慨万千地说道："这款威士忌苏打,有90多年的历史了呢!"

— 信息栏 —

在传统酒吧里享受威士忌苏打

正是威士忌兑苏打水这样简单的喝法,在威士忌品牌的选择,香味的调制,控制方法,威士忌和苏打水,酒杯的温度把握等方面即便有细微的差别,就会产生出不同的味道,这无疑是饮用之外的乐趣所在。有些调酒师认为这种喝法是"用碳酸饮料来稀释蒸馏酒",比如他们中有些会把朗姆可乐也等同于威士忌苏打。然而这样的争论反而可以为品酒助兴。

题,然后再回家。用新谷尚人的话说就是"昂贵的鸡尾酒喝不起,威士忌苏打却可以天天喝"。

"我属于默默地悠闲地喝自己的酒,一点儿不给人添乱的类型。所以我倒是很羡慕你说的那种喝法呢。"荒木惠受过店长的指点,一口气把杯中的残酒饮尽,心满意足地离开了酒吧。

银座桑博雅酒吧

东京都中央区银座5-4-7
银座泽本大厦B1层
☎ 03-5568-6155
http://www.samboa.co.jp
交通:东京地铁银座线・丸之内线
从日比谷线银座站步行2分钟
营业时间:15:00—24:00
周日、法定节假日—22:00
年中无休
座位数:17张桌
(柜台可坐10位顾客)
※不设茶位费

略加巧思即可令威士忌苏打非比寻常！
调酒师教你
调制顶级威士忌苏打

调制威士忌苏打的基本点，在于威士忌中加入苏打水的比例。
随着此种喝法的盛行，各种调制配方层出不穷。
就让专业调酒师教我们如何调制完美的威士忌苏打，
无论在自己家中还是在酒吧，都能享受那既美味又愉悦的一杯。

欧巴酒吧
葡萄汁可乐

▷配方

- 加拿大俱乐部威士忌 30毫升
- 葡萄汁 60毫升
- 柠檬汁 2茶匙（约10毫升）
- 威尔金森苏打水 适量

★除苏打水之外，其他的材料合在一起摇匀，倒入平底玻璃酒杯，然后加满苏打水。

在其中混合入石榴糖浆，使酒液看起来呈现美丽的石榴色，推荐喝不惯威士忌的人士尝试。

东京港丽酒店
"28"酒吧
日式威士忌苏打

▷配方

- 山崎12年威士忌 30毫升
- 碳酸水 加满
- 树胶糖浆 10毫升
- 紫苏 2片
- 柠檬汁 5毫升

★在酒杯中投入2片紫苏碎叶，充分浸泡，加入柠檬汁和树胶糖浆，放入冰块。倒满碳酸水。

山崎12年威士忌是标配，加上在品尝日本菜时不可或缺的紫苏叶，即可调制出一杯日式风情的威士忌苏打。其亮点在于清爽的香味。

银座星辰酒吧
竹鹤12年威士忌苏打

▷配方

- 冷藏过的竹鹤12年威士忌 40毫升
- 原味碳酸水 150毫升
- 纯水制成的冰块 2块

★碳酸水直接注入威士忌，应避免碰到冰块，充分搅拌，使碳酸水和威士忌很好地融合。这样，一杯泡沫持久的威士忌苏打就调好了。

由于威士忌经过冷藏，冰块在其中不易融化，因此可以较长时间感受那种风味。所用的原味碳酸水，其中二氧化碳的加压压力较强。

池林房酒吧
冰点威士忌苏打

▷配方

- 加拿大俱乐部威士忌 60毫升
- 三得利苏打水 140毫升
- 柠檬皮 适量

★将加拿大俱乐部威士忌、苏打水、酒杯都进行冷藏，将威士忌和苏打水倒入杯中，轻轻混合，再将柠檬皮捻碎放入。

所选用的加拿大俱乐部威士忌，是调制鸡尾酒的标配原料。威士忌和酒杯都经过冷藏处理，风味更佳。

圣·泽井猎户星酒吧
美味威士忌苏打

配方
- 欧伯12年威士忌 60毫升
- 克莱根摩 1滴
- 威尔金森苏打水 90毫升

★将冰块放入平底玻璃酒杯,慢慢注入欧伯威士忌和苏打水,再滴1滴克莱根摩。

这款威士忌苏打令圣·泽井猎户星酒吧的店长深以为豪,克莱根摩会更凸显酒液的香味。

与威士忌苏打
共享属于
你的夜晚

欧巴酒吧
冰镇威士忌苏打

配方
- 冰镇过的山崎10年威士忌 45毫升
- 普利米恩苏打水(PREMIUM SODA)适量
- 柠檬皮 1片

★将威士忌注入冰镇过的酒杯,加满苏打水,既可以将柠檬皮挂在杯沿上,也可以浸没在酒液中。

在欧巴酒吧,这款酒被简称为"冰威",即冰镇过的威士忌苏打,在常客中非常受欢迎。关键在于所用的苏打水原料是山崎产的天然水。

东京港丽酒店
"28"酒吧
曼哈顿威士忌苏打

配方
- 威凤凰威士忌 30毫升
- 橙汁 5毫升
- 马拉斯奇诺樱桃糖浆 10毫升
- 1个橙子的皮

★在冰镇过的威凤凰威士忌中,加入橙汁和马拉斯奇诺樱桃糖浆,将橘皮浸入酒液,使其香味充分渗出。

将到店必点的曼哈顿做成威士忌苏打,一般是使用黑麦威士忌,而改用冰镇过的威凤凰威士忌则可以产生非常柔和的泡沫。

银座砖瓦酒吧
威士忌苏打

配方
- 三得利角瓶威士忌 30毫升
- 威尔金森苏打水 60~70毫升
- 酸橙 适量

★将三得利角瓶威士忌和威尔金森苏打水慢慢注入酒杯,酸橙捻碎放入即可。

自银座砖瓦酒吧1951年开业至今,一直沿用这款配方。酒吧的调酒标准就是使用学生党和年轻人都很喜欢的角瓶威士忌。

与威士忌苏打
共享属于
-
你的夜晚

调酒师酒吧
谷物威士忌苏打

配方
- 谷物威士忌 30毫升
- 兑入饮料 75毫升
  （如威尔金森苏打水 55毫升，威尔金森汤力水 20毫升）
- 酸橙片 1片

★在酒杯中放入大量碎冰块，再注入威士忌、苏打水和汤力水。用调酒棒搅拌杯中的酸橙片即可。

谷物威士忌是很难得的，为了喝上这一杯，特别值得前往调酒师酒吧。这款酒口感十分清爽。

S 酒吧
日比谷威士忌

配方
- 山崎12年威士忌 30毫升
- 碳酸水 60毫升

★香槟杯先冷藏过，将威士忌在冰箱冷冻层里稍冻一下倒入杯中（不放冰块）。

泡沫丰富，看起来与香槟无异，酒吧的特色在于，碳酸水是用吧枪注入威士忌中的。

克雷恩酒吧
奥克尼威士忌苏打

配方
- 斯卡帕威士忌 30毫升
- 威尔金森苏打水 120毫升
- 1圈橙子皮（环切）

★在酒杯中放入冰块，注入威士忌，加满苏打水。橙子皮削薄，除去内侧的皮，轻轻挤压出香味，螺旋状切好。

斯卡帕威士忌酿制于苏格兰岛北部的奥克尼，是口味较清淡的单一麦芽威士忌。橙子的香味使这一杯酒口味更佳。

赫姆斯代尔酒吧
泰苏

配方
- 泰斯卡威士忌 70毫升
- 威尔金森苏打水 适量

★将材料加入酒杯中，重点是将酒液调制出柔和的口味。

这是赫姆斯代尔酒吧最受欢迎的酒，因是在泰斯卡威士忌中加苏打水，常客喜欢称之为"泰苏"。

艾莱麦芽威士忌屋
给行家的威士忌苏打

配方
- 响12年威士忌 35毫升
- 苏打水 70毫升

★ 将常温的响12年威士忌与常温的苏打水混合，晃动酒杯使之均匀。威士忌和苏打水的比例建议为1:2。

选择响12年威士忌是有些奢侈的。令我们费思量的是，如何在这一杯中发现美好，如何品出最美味的威士忌。

东京港丽酒店 "28"酒吧
曼达林威士忌苏打

配方
- 尊尼获加威士忌（黑牌）30毫升
- 果酱 适量
- 碳酸水 满杯

★ 将尊尼获加威士忌和果酱加入酒杯中，搅拌片刻，再加入苏打水即可。

果酱的甘甜和酸涩，可以很好地衬托出威士忌的香味和苦味。很适合不擅喝威士忌的人士和女性。

欧巴酒吧
威士忌利克酒

配方
- 威雀苏格兰威士忌 45毫升
- 酸橙 1/2个
- 威尔金森苏打水 适量

★ 挤压酸橙，将橙汁和酸橙一起投入酒杯，接着注入威士忌并搅拌。再加入冰块，注满苏打水，轻轻晃动。

著名的金瑞基鸡尾酒，如果用威士忌来调制也很好喝。将酸橙挤出果汁，一起投入杯中，令这一杯酒充满野趣。

银座桑博雅酒吧
威士忌苏打

配方
- 三得利角瓶威士忌 60毫升
- 威尔金森苏打水 1瓶

★ 从整瓶冷藏过的角瓶威士忌中，倒一部分入酒杯，再倒入一整瓶苏打水。最后可以投入柠檬皮来增加香味。

在桑博雅酒吧，从久远的年代起，就开始供应用角瓶威士忌调制的威士忌苏打。角瓶威士忌需整瓶冷藏，杯中不放冰块。

欧巴酒吧
北极冰

配方
- 老祖父威士忌 30毫升
- 橙汁 45毫升
- 1个橙子皮
- 姜汁汽水 适量

★将橙子皮环切下,垂直于杯壁,放入冰块。接着注入威士忌和橙汁,倒满姜汁汽水,轻轻晃动酒杯。

这是一杯标准的鸡尾酒,杯中螺旋状垂着的橙子皮一副惹人怜爱的模样,老祖父威士忌非常适合调制鸡尾酒。

东京港丽酒店
"28" 酒吧
CHTB(港丽茶威士忌苏打)

配方
- 尊尼获加威士忌(黑方)30毫升
- 茶叶 适量
- 碳酸水 满杯

★将茶叶在尊尼获加威士忌中浸泡30~60分钟,泡出茶香后即滤出,将威士忌倒入酒杯,再加入冰块,注入碳酸水即可。

东京港丽酒店的柑橘系列茶叶香味扑鼻,可以带给威士忌浓郁的香味,如果在自家调制,也可以选择自己喜欢的茶叶。

艾莱麦芽威士忌屋
别有风味入门级威士忌苏打

配方
- 喜欢的威士忌 20毫升
- 杜林标威士忌 20毫升
- 威尔金森苏打水 40毫升

★分数次将自己喜欢的威士忌和杜林标威士忌、苏打水仔细地调和在一起。

不要将所有材料一次性加入酒杯,而应分多次慢慢添加,这是关键。可以根据自己的喜好,选择牛奶或奶昔。

艾莱麦芽威士忌屋
著名威士忌苏打

配方
- 艾莱岛迷雾森林8年威士忌 30毫升
- 拉弗格10年威士忌 10毫升
- 威尔金森苏打水 适量

★艾莱岛迷雾森林威士忌和苏打水结合,轻轻晃动,令香味溢出酒杯,接着继续注入苏打水。

艾莱麦芽威士忌屋的店长对威士忌倾注了爱意,这款酒是他经过多次试验调制成功的。

欧巴酒吧
威士忌·汤力水

配方
- 帝王威士忌(白牌)30毫升
- 汤力水 适量
- 柠檬片 1片

★平底杯中放入冰块,再注入威士忌,晃动酒杯,再在杯中注入汤力水,轻轻晃动,加入柠檬片。

威士忌苏打本是无糖的,将碳酸饮料换成汤力水,可以从这杯酒中品出柔和的甘甜。

东京艾莱酒吧
威士忌苏打

配方
- 自己喜欢的威士忌 45毫升
- 碳酸水或三得利普利米恩苏打水

★在常温的威士忌中注入少部分冰苏打水，摇晃均匀，关键是注入苏打水的时候不能碰到冰块。

推荐使用拉弗格威士忌，在碳酸水的作用下，酒香得特别浓郁。使用薄的玻璃酒杯，令口感超群。

与威士忌苏打
共享属于
你的夜晚

联系方式

- 东京艾莱酒吧 ☎03-3505-3500
  http://homepage2.nifty.com/islaybar
- 池林房酒吧 ☎03-3350-6945
- 银座桑博雅酒吧 ☎03-5568-6155
  http://www.samboa.co.jp
- 东京港丽酒店"28"酒吧
  ☎03-6388-8000（代表）
  http://www.conradtokyo.co.jp
- 房间酒吧
  http://www.theroom.jp/
- 银座星辰酒吧 ☎03-3535-8005
  http://starbar.jp/
- 圣·泽井猎户星酒吧 ☎03-3571-8732
- 欧巴酒吧 ☎03-3535-0208
  http://www.bar-opa.jp
- 克雷恩酒吧 ☎03-5951-0090
  http://www.the-crane.com
- 日比谷威士忌-S酒吧
  ☎03-5159-8008
  http://www.hibiya-bar.com
- 银座砖瓦酒吧 ☎03-3571-1180
- 调酒师酒吧 ☎03-3498-3338
  http://www.nikka.com/
- 赫姆斯代尔酒吧 ☎03-3486-4220
  http://www.helmsdale-fc.com
- 艾雷麦芽威士忌屋 ☎03-5984-4408
  http://homepage2.nifty.com/islay

东京港丽酒店
"28"酒吧
焦糖威士忌苏打

配方
- 尊尼获加威士忌（黑方）30毫升
- 莫林 焦糖糖浆 10毫升
- 香草糖 1茶匙（5毫升）

★将香草糖和焦糖糖浆加入玻璃杯中混合，接着注入尊尼获加威士忌，苏打水即可。

这样一杯威士忌苏打，起色甘甜醇香令人联想起咖啡，烘烤过的坚果和巧克力融合得非常好，品尝起来有吃甜品的感觉。

- 信息栏 -

用于调制威士忌苏打的碳酸饮料品牌

加拿大干型姜汁汽水

浓郁的干姜香味，和无糖饮料所带出的清爽回味，二者兼而有之。

威尔金森姜汁汽水

姜的香味浓郁，加入威士忌即可调制出带有姜味的威士忌苏打。

普利米恩苏打水

如在单一麦芽威士忌中加苏打水，推荐选择以山崎天然水为原料的此款苏打水。

加拿大干型碳酸水

味道纯净，碳酸刺激得口感十分舒服，其人气度与威尔金森苏打水平分秋色。

威尔金森苏打水

这是英国人威尔金森在日本神户的六甲山系找到的碳酸水，是调制威士忌苏打的标配。

巴黎水

是一种天然碳酸水，富有持久的极细泡沫，适合调制口感柔和的鸡尾酒。

汤力水

日本产的汤力水不含激肽（味苦且具有药物成分），味道柔和。

寻访日本威士忌
引以为豪的发展史

日本威士忌品牌历史

- 山崎
- 余市
- 伊知郎麦芽

品牌历史
Yamazaki / Yoichi / Ichiro's Malt

日本品牌的骄傲

本章介绍世界五大威士忌之一的日本威士忌。
通过带领各位寻访山崎、余市、秩父等富有个性的蒸馏厂，
回溯日本威士忌制造的源流。
倾听发生在与之密不可分的人们身上的故事，
展望日本威士忌的未来发展。

Yamazaki

山崎

日本威士忌家族族谱

"我想要酿造的，是根植于日本本土，
为日本人所钟爱的威士忌。"
当年，寿屋创始人鸟井信治郎就是在天王山麓
开始编织山崎品牌的故事。

**三得利
单一麦芽威士忌
山崎12年**

山崎是日本威士忌的代表
品牌，其中凝聚着日本的
风土和感性，以及传承自
创业之始的技艺。

神秘的"木桶酿熟"
促成了日本威士忌的问世

1879年，13岁的货币兑换商之子鸟井信治郎来到药酒批发店工作。那是一个崇尚西洋文明的年代，在这家颇为时髦的店里，也供应葡萄酒、白兰地、威士忌之类的洋酒。鸟井信治郎正是在这里学习了洋酒知识，并培养了对最进步时代的感知能力。

鸟井信治郎在20岁那年自立门户，创办了鸟井商店。虽然他也经营葡萄酒及其他洋酒，但这些洋酒并未影响当时日本人的味觉。经过一系列的研究和试制，他终于在1907年向市场推出了"赤玉葡萄酒"。自此，鸟井信治郎的企业便以洋酒业者的身份起家，公司也改名为寿屋洋酒店，他的事业走上了正轨。

一个偶然的机会，鸟井信治郎试喝了储存在老酒桶中、用来做利口酒的蒸馏酒，发现酒已经变化为一种全然不同的口味。

蒸馏厂坐落于在古老的万叶年代即被誉为名水之乡的山崎,这里山清水秀,因千利休在此建造茶室而闻名于世,是欣赏四季美景的胜地。

● 品牌历史

品牌历史
Yamazaki / Yoichi / Ichiro's Malt

1899年	鸟井信治郎创办鸟井商店
1923年	鸟井信治郎开始着手建设日本第一家威士忌蒸馏厂——山崎蒸馏厂
1929年	日本第一个真正的国产威士忌"三得利白牌威士忌"问世
1930年	"三得利红牌威士忌"问世
1937年	"三得利角瓶威士忌"上市
1946年	"托利斯威士忌"上市
1984年	"三得利单一麦芽威士忌——山崎"问世
1989年	山崎蒸馏厂进行大改造,开始制造各种麦芽原酒
1992年	"三得利单一麦芽威士忌山崎18年"上市
1995年	"三得利单一麦芽威士忌山崎10年"上市
1998年	"三得利单一麦芽威士忌山崎25年"上市
1999年	三得利创立100周年
2003年	三得利一麦芽威士忌山崎12年获得在英国伦敦举办的国际烈酒挑战赛(ISC)金奖。
2005年	价值100万日元的威士忌"山崎50年"限量上市,山崎18年获得旧金山世界烈酒大赛(SWSC)双金奖
2006年	引入小型壶式蒸馏机 山崎18年威士忌获得国际葡萄酒暨烈酒大赛(IWSC)优胜奖
2007年	山崎18年威士忌获得国际烈酒挑战赛(ISC)金牌奖
2008年	山崎18年威士忌获得旧金山世界烈酒大赛(SWSC)双金奖
2009年	山崎18年/12年威士忌获得旧金山世界烈酒大赛(SWSC)双金奖

这里是山崎蒸馏厂的威士忌馆,约有7000种个性迥异的原酒存放于此。

寿屋（三得利的前身）创始人鸟井信治郎先他人一步，从当时不为日本国人所识的洋酒中感知到其魅力，利用其天生敏锐的味觉和嗅觉，在立志制造出"适合日本人"的威士忌这一事业中，倾注了极大的热情。

酿制日本真正的威士忌

存放时间越长,其酒香越醇厚。这一点,令鸟井信治郎深深为"木桶酿熟的奥秘"着迷。当时人们认为只有在苏格兰和爱尔兰才能酿制真正的威士忌,而这一点恰恰促使鸟井信治郎萌发了"酿制日本真正的威士忌"的想法。但是,建设蒸馏厂需要耗费巨额资金,长期酿熟之后等来的酒质不知好坏,对于创业而言,这些都是极大的风险,来自公司成员以及亲友中有识之士的反对之声呈一边倒的态势。但鸟井信治郎则抱定"务必一试,方知成败"的信念,用他的亲身试验,拉开了日本威士忌的历史帷幕。

鸟井信治郎开始在日本各地寻找适合建设蒸馏厂的地点,经过数次筛选,终于选定了自古以来名声高企的名水之乡山崎。这里是木津川、桂川、宇治川三条河流的交汇地,不同水温交汇涌出终年不绝的雾气,形成适合威士忌储存和酿熟的气候条件。在如此优越条件的荟萃之地,日本威士忌安静地迈出了历史上的第一步。

日本第一代威士忌"白牌"上市时所打出的标语是"日本顶级美酒"。但在当时并不为日本人所接受,因此经历了长期的改良和探索。

品牌历史
Yamazaki / Yoichi / Ichiro's Malt

1. 三得利托利斯威士忌
此款威士忌在战后不久即作为真正的日本威士忌上市销售,而且"好喝,不贵"的广告语深入消费者内心。

2. 三得利红牌威士忌
1930年,白牌威士忌的"同胞兄弟"红牌威士忌上市,标志着日本威士忌又上新台阶,成为人们在晚餐桌上小酌一杯的轻松之选。

3. 三得利白牌威士忌
于1929年上市,是日本真正意义上的第一代威士忌。

在前辈的努力和岁月的积淀中，孕育出百花齐放的日本名酒品牌

在制造威士忌方面，从原材料大麦的甄选、麦芽的干燥、发酵、蒸馏直至酿熟，在所有要素的相互影响之下，才逐渐形成复杂多样的味道和香味。正如这世上没有两片树叶是完全一样的，原酒之中也隐藏着不同的个性，酿熟出各种风味的威士忌。

制酒的前辈们逐个研究这些要素，在寻找"日本真正的威士忌"的目标指引下，对原酒进行着不断的改良和调和。威士忌的酿熟是一个漫长的过程，采购原酒的工人未必能够全程跟踪，直至酿出成品。后人从数十年前的前辈手中接过他们的工作，迎来酿熟达到巅峰的成品，从中甄选出佳品，方才成就了一个个响亮的品牌。

山崎蒸馏厂也是经过长达10年的时间，才得以充实原酒的储藏量，并备齐了深度酿熟的原酒种类，终于在1937年推出了12年角瓶

麦芽干燥塔一味地向外喷吐烟雾，却从来不见有酒搬出，因此便有流言称，"塔里住着一个名叫'Usuke'的怪物，专吃大麦。"（译注：Usuke读音与日语中的"威士忌"相似）

威士忌,一时间便获得了极高的评价。盲目崇洋媚外的人们,以及信奉苏格兰威士忌至上主义的收藏家们刁钻的舌头也被其征服。

　　随着时代的推移,铭刻着历史印记的品牌也在不断演变——"白札"变成了"WHITE","赤札"变成了"RED"(译注:"白札""赤札"均为日语,即"白牌""红牌")。这样的演变反映出人们对美味的不断追求。

　　太平洋战争爆发之后,日本政府对洋酒的管制变得很严,而总公司和大阪工厂也在

1930年"红牌"上市之初,销量便遭遇滑铁卢,次年便因资金不足,连原酒都供应不上了。

品牌历史
Yamazaki / Yoichi / Ichiro's Malt

足可夸耀世人的日本威士忌,孕育自"务必一试"的精神

蒸馏机自创业之初便开始逐渐进行改良,形状、大小不同的蒸馏机有6种12款,而多数蒸馏厂只有一种蒸馏机,各种不同形状的蒸馏机可以蒸馏出不同口感的威士忌原酒。

1. 威士忌的原料大麦经过发芽、干燥、磨碎这一系列加工。
2. 在麦芽汁中添加酵母使之发酵,花旗松发酵槽与乳酸菌是绝配。
3. 在酒桶中酿熟的过程,孕育出威士忌晶莹的琥珀色与悠远的香味,材质、大小各不相同的5种酒桶分开使用。

首席调酒师舆水精一,加入三得利后,服务于多摩川工厂调酒师队伍,后在山崎蒸馏厂管理品质和储藏,并任调酒师室主任,负责组合不同的原酒来开发新产品,保持产品的品质与精炼等,以"威士忌品质的终极评价者"的角色,活跃在其工作岗位上。

空袭中被炸毁。山崎蒸馏厂虽得以幸存,却也遭受重创。就是在这样的历史背景之下,鸟井信治郎的次子佐治敬三从军队退伍。战败后处于混乱之中的日本,黑市上充斥着粕取烧酎(用酿完清酒后剩下的酒粕蒸馏而得)、炮弹酒等质量很差的酒。佐治敬三对此深感忧虑,他想,是否可以制造出价格低廉,但质量有保证的威士忌?于是,他提出用谷物原酒进行调和,生产低价威士忌的想法。一向坚持使用麦芽原酒的鸟井信治郎理解了佐治敬三的想法,并决定向陷于战败的失意与虚脱之中的日本人,提供便宜好喝的酒。停战8个月之后,在幸免于战火之害的山崎的储藏原酒的基础之上,推出了"托利斯威士忌"。凭借"好喝、便宜"的营销口号,获得了消费者压倒性的支持。托利斯酒吧也因之而此门庭若市。在普通家庭中,也有越来越多的人开

威士忌文化借着战后洋酒风潮的兴起而遍地开花

品牌历史
Yamazaki / Yoichi / Ichiro's Malt

1. 大麦发芽,干燥,磨碎后加以糖化,方才开始威士忌的酿制。
2. 装进酒桶,在储存库中沉睡着的原酒,酒桶"呼吸"微弱,缓慢地走向酿熟。
3. 从厂房后面绿葱葱的山林里流出清冽的天然水。雨水渗入地表之下,经过长年的积淀之后,又涌出地面。

始亲近洋酒，日本总算迎来了真正的洋酒时代。

在此之后，品质进一步提高的名品陆续登上历史舞台。1961年，三得利作为日本威士忌在美国获得注册许可，直至后来跻身世界五大威士忌的行列。1984年日本第一瓶100%麦芽原酒的威士忌"山崎12年"上市。很快便获得极高的评价，并斩获各种权威奖项。山崎的长期酿熟普利米恩威士忌，更是登上了世界公认的名品巅峰。堪称日本威士忌品牌鼻祖的山崎，其地位不可撼动。

自第二次世界大战后至经济高速成长时期，日本经历了一个动荡的时代，在寿屋宣传部，这种气质洒脱、风格自由的广告设计曾经风靡一时，尤其是托利斯威士忌的广告，有不少幽默有加的名广告获得了很高的人气，涌现过一批像开高健、山口瞳那样才华横溢的人才。

白崎&白州

在国际上被誉为"贵族"的山崎威士忌，口感温润，气味芬芳。用于酿制白州威士忌的水富含矿物质，酒液清冽，芳香怡人。

● 参观地信息

大阪府三岛郡本町山崎5-2-1
☎ 075-962-1423（9:30—17:00）
http://www.suntory.co.jp/factory/yamazaki/
交通：JR京都线山崎站・从阪急京都线大山崎站步行10分钟
开放时间：10:00—16:45（导游陪同截至15:00）
休息：年末年初、工厂休息日

Yoichi

余市

苏格兰岛取经、理想之地精酿，方得这一杯名品

日本威士忌跻身世界五大威士忌，这一进程的发端，是一个男人在日本北方大地上激情创业的故事。

余市是北海道余市蒸馏厂酿制的单一麦芽威士忌，创业者严格遵循在苏格兰所学的酿制方法，余市12年威士忌散发酒桶酿熟的香气，以及沉稳的泥煤香气，回味悠长丰富，余市15年威士忌的特点在于丰富的酿熟香气与丝般顺滑的口感。

日果威士忌创始人竹鹤政孝的照片，悬挂在今天的蒸馏厂的办公室墙上，其眼神之犀利，威严，使之不愧于日本威士忌之父这一美誉。

为酿造威士忌而奔走的青年竹鹤政孝

"50年前，有一位聪明的日本青年来到英国，用一支钢笔和一册笔记本，把英国人赚大钱的威士忌酿造秘密给偷走了。"

1962年，英国副首相霍姆访问日本时曾如此调侃。话中的日本青年就是日果威士忌的创始人竹鹤政孝。他出身酿酒世家，修习酿造学之后进入酿造企业"摄津酒造"工作。其间受到企业赏识，获得赴苏格兰学习酿造真正威士忌的技术的机会。然而在1921年，迎接竹鹤政孝回国的，却是第二次世界大战后日本的大萧条。

就在他正要放弃将从苏格兰所学的酿制真正威士忌的技术付诸实践之时，他遇见了寿屋（今天的三得利）的鸟井信次郎。

品牌历史
Yamazaki / Yoichi / Ichiro's Malt

● 品牌历史

1934年	大日本果汁株式会社创立
1940年	威士忌开始出货
1950年	第一瓶三级威士忌"特殊调和威士忌"上市
1952年	更名为日果威士忌株式会社 特级威士忌"黑日果"上市
1959年	西宫工厂竣工
1962年	"超级日果威士忌"上市
1963年	开始制造调和型威士忌
1999年	谷物威士忌制造设备移至仙台工厂
2001年	"单桶余市10年威士忌"， 威士忌杂志《最好中的最好2001》
2002年	余市麦芽威士忌获得苏格兰麦芽威士忌协会（SMWS）认证
2007年	"单一麦芽余市1986年威士忌"， 获得"最佳日本单一麦芽威士忌"优胜奖
2008年	"单一麦芽余市1987年威士忌"获得世界威士忌大赏（WWA）优胜奖
2009年	"单一麦芽余市15年威士忌"获得国际烈酒竞赛（ISC）金奖 "竹鹤21年纯麦威士忌"获得世界威士忌大赏（WWA）优胜奖 "竹鹤21年纯麦威士忌"获得国际烈酒竞赛（ISC）金奖

日果的社旗。日本的国旗在北方的天空中一齐飘扬，这是象征余市蒸馏厂的美丽一景。

红色三角屋檐的楼便是干燥塔,利用煤炭燃烧所产生的煤烟干燥麦芽的工序便是在这里进行。

看见石煤在炉中熊熊燃烧的情景,仿佛能感受到酿造威士忌的车间里盛大的场面。

鸟井信次郎也正计划在日本国内制造真正的威士忌,因此把目光投向了从苏格兰学成归国的竹鹤政孝。

带着鸟井信次郎"无论如何也要试着做出真正的威士忌"的期望,竹鹤政孝在1923年加入寿屋,为制造真正的威士忌贡献了他的力量,其中包括建设大阪的山崎蒸馏厂等。当与寿屋的10年约满之后离开,其后便在他早已看中的制造威士忌的理想之地——北海道的余市,创

那个决心酿造出美味威士忌的男子
在余市找到了他的理想之地

余市蒸馏厂最大的特点就是使用这种煤炭进行蒸馏。

立了"大日本果汁株式会社",也就是今天日果威士忌余市蒸馏厂的前身。

直至今天,余市蒸馏厂仍忠实地遵循着竹鹤政孝最初定下的酿制方法。在他将从苏格兰所学的知识用插图和文字记录的报告中,记载着这全套方法。这也正是英国副首相霍姆的谈话中所称的"竹鹤笔记"。

遍布煤矿小镇是北海道的特色,竹鹤政孝在创业之始使用的便是北海道出产的煤炭。而且设法令这种煤炭燃烧后不产生黑烟,也是其对环境保护所做的努力。

"竹鹤笔记"折射出对品质的执着

竹鹤政孝在他的"竹鹤笔记"中,巨细靡遗地记载了他在苏格兰所学的威士忌酿造知识。从他图文并茂的细致记述中,可以感受到他的热情。

"因为不能在蒸馏车间里做笔记,所以这些大概是他每天回宿舍之后才做的。这本笔记才是日本威士忌酿制的起点,也正是竹鹤政孝对威士忌酿造所赋予的热情。"——余市蒸馏厂的威士忌顾问小原祈如是说。蒸馏厂内的博物馆里仍展示着竹鹤笔记的原件。

竹鹤政孝用他在苏格兰所学的当时的方法,在余市蒸馏厂中生产着威士忌。其中最典型的例子就是利用煤炭来蒸馏。近年来,出于成本和效率的考虑,苏格兰当地已不再使用煤炭蒸馏,而使用蒸汽进行间接蒸馏的生产方法成为了主流。但余市仍坚持泥煤直火蒸馏,每天大约要燃烧1吨煤炭。余市比苏格兰更加忠实地遵循着传统的酿制方法。"品出苏格兰古老的味道",方能赢得威士忌老爱好者的心。小原祈还说:"使用煤炭蒸馏,才能酿制出力道强劲、芳香馥郁的威士忌。建议先尝试纯饮,让舌头先与点滴威士忌接触,享受那穿透鼻腔的香味之后,喝一口水,再喝一口威士忌……如此交替品尝。而且,余市的威士忌特别醇厚,即使加水饮用,也不容易被冲淡。"

日果还以酒桶制造技术知名,酒桶是威士忌在酿熟过程中安眠的"摇篮"。

(上图)竹鹤政孝的日本帝国海外护照,依稀可以看见"赴美利坚合众国、英国、法国研究酿造……"等字样。
(左图)从大日本果汁株式会社的名称中取出"日"和"果"二字,便诞生了日果这一新名称。在威士忌酿熟期间,为了保证周转资金的来源,日果还使用余市特产的苹果,制造和销售纯果汁。

品牌历史
Yamazaki / Yoichi / Ichiro's Malt

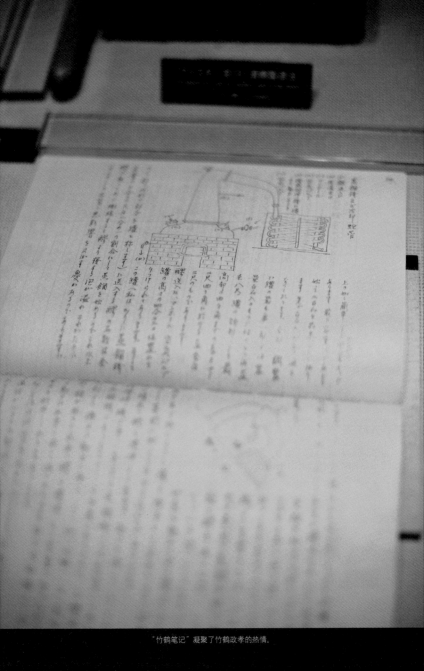

"竹鹤笔记"凝聚了竹鹤政孝的热情。

1. 山田町与余市蒸馏厂之间,隔着一条余市河,竹鹤政孝与他的妻子丽塔曾经住过的房子就在山田町。经过迁移、复原之后,这所房子作为竹鹤家的旧宅邸,向参观者局部开放。
2. 房子中保留着各种资料,见证着竹鹤夫妇的爱情。
3. 彩色玻璃也是西洋和东洋结合的样式。

热情与余市的气候风土孕育优于发源地的威士忌

(上图)能够令人感受到那段漫长历史的建筑物在工厂内随处可见。
(下图)蒸馏塔里每天都用煤炭进行蒸馏,与日本酒酿酒厂一样,罐式蒸馏器上也绑着稻草绳。

在小原祈的指引下,我们来到蒸馏厂的心脏——蒸馏塔。

"将威士忌的原料麦芽磨碎后,加入热水,激发出麦芽内的酵素,将其中的淀粉转化成麦芽汁。甘甜的麦芽汁遇到酵母便开始发酵,糖分转化为酒精。在这之后,利用煤炭燃烧产生的热量,将发酵液蒸馏2次。酒精度数只有7°,最终却能转化到65°。"

一进入蒸馏塔,便能看到燃烧煤炭的熊熊烈火。绑在罐式蒸馏器上的稻草绳,标志着人们对出身酿酒世家的竹鹤政孝所酿威士忌的敬意。

"创业之初,北海道的煤矿储量很大,因此使用的都是北海道产的煤炭。北海道也盛产威士忌的原料大麦,在余市河流域还可以开采到泥煤,使用泥煤干燥出的麦

（右图）单一酒桶威士忌余市10年获得威士忌杂志《最好中的最好2001》所颁出的奖项。单一酒桶威士忌指将在一个酒桶中制造的原酒进行装瓶的威士忌。
（左图）竹鹤21年纯麦芽威士忌，获得世界威士忌大赏（WWA）优胜奖。

品牌历史
Yamazaki / Yoichi / Ichiro's Malt

芽带有特殊的泥煤香气。竹鹤政孝在苏格兰所学的威士忌酿造技术，除了余市，在其他地方或许找不到用武之地。"

　　余市地处积丹半岛与日本海的连接处，气候寒冷，是酿造威士忌的圣地。温暖的蒸馏塔之外，红色三角形屋檐的干燥塔在雪地中分外醒目。在其前方，掩映在白雪中的小洋楼，是迁移至此的竹鹤家的旧宅邸。在苏格兰，竹鹤政孝不仅学到了威士忌酿造技术，还找到了他的终身伴侣，二人在这栋宅邸中共同生活。如同苏格兰威士忌在余市生根发芽，如同竹鹤夫人丽塔追随竹鹤政孝来到余市扎根一样，这栋处处可见日式风格的小洋楼象征着竹鹤政孝——这个将一生倾注于威士忌的男子身上的热情所制造的奇迹。

日果会馆的二楼设有一个试饮会场，除了各种威士忌之外，还可以试饮葡萄酒和软饮料。窗外景色优美，余市河尽收眼底。开放时间：9:00—17:00

● **参观地信息**

北海道余市郡余市町黑川町7-6
☎ 0135-23-3131
http://www.nikka.com/know/yoichi
交通：从函馆本线余市站步行3分钟
开放时间：9:00—17:00（9:00—12:00, 13:00—16:00期间，每半小时有导游带领游客参观）
休息：年末年初（每年12月31日至翌年1月1日）
可免费参观
参观所需时间：约60分钟

057

Ichiro's Malt

伊知郎麦芽威士忌

开创日本威士忌的新时代

走出逆境后，仅用4年时间便让蒸馏厂运转起来。看"麦芽威士忌梦想家"对威士忌投入的巨大热情如何在秩父的土地上开花结果——本节将带领各位回望他走过的道路，看他对未来的展望。

伊知郎绿叶威士忌（右）为羽生蒸馏厂和秩父蒸馏厂的麦芽原酒调和而成。左侧的伊知郎金叶威士忌（其简写"MWR"取自全称Mizunara Wood Reaerve的首字母），则是以羽生蒸馏厂的麦芽威士忌为主原料，调和数种麦芽威士忌，并在水楢桶中二次酿熟而成。

今天,日本最年轻、规模最小的威士忌蒸馏厂是坐落于埼玉县的秩父市,人称"冒险威士忌"(Venture Whisky)的秩父蒸馏厂。公司成立于2004年,而蒸馏厂直到2008年才投入运转。担任公司总经理的,是在威士忌业界籍籍无名,一直在将梦想付诸实践的肥土伊知郎。以他的名字冠名的伊知郎麦芽威士忌(Ichiro's Malt)立足于日本,在国际上也收获了很高的评价。

酒杯中盛放的威士忌刚刚蒸馏出来,对半加水。

● 品牌历史

1965年	肥土伊知郎出生,系东亚酒造创始人之孙。
1988年	肥土伊知郎入职三得利
1997年	肥土伊知郎入职东亚酒造
2004年	东亚酒造经营权易主
2004年	"冒险威士忌"在埼玉县秩父市成立
2005年	将储藏在"笹之川酒造"的威士忌原酒,以伊知郎的日语发音——Ichiro´s Malt的品牌出售
2006年	扑克牌瓶标系列"钻石王"(King of Diamonds)在威士忌杂志(Whisky Magazine)举办的日本麦芽威士忌专辑中获金奖
2007年	冒险威士忌秩父蒸馏厂竣工
2008年	秩父蒸馏厂获得制造执照,开始生产

用来酿熟伊知郎金叶威士忌的酒桶,取材自水楢,也称"日本橡木",这种材料带给金叶威士忌特殊的香气和味道。

"伊知郎"这一品名寓意此品牌"连接着羽生与秩父"

肥土伊知郎出生在拥有超过300年酿酒历史的酿酒世家,从大学酿造系毕业后入职三得利。30岁后,被家族召回自家企业供职。当时,其家族企业面临经营危机,重建形势严峻,2004年决定将其卖掉。虽然日本酒和烧酒都保留下来,但还是计划将羽生蒸馏厂购入的约400桶威士忌原酒丢弃。

尽管如此,但肥土伊知郎认为,像自己的孩子一样抚养长大的威士忌,不能就这么轻易放弃。为此他四处奔走募集资金,买回所有的库存品。同年9月,他实现了独立。由于当时尚未获得酿酒执照,他首先开始寻找存放酒桶的场所。

幸运的是,他在"笹之川酒造"找到了存放地,2005年,伊知郎麦芽威士忌问世了。

选用的麦芽来自德国和英国,秩父当地的农民种植的麦子中也实验性地引进了这些品种,目前还在实验阶段,燃烧泥煤来干燥麦芽也已在计划之中。

品牌历史
Yamazaki / Yoichi / Ichiro's Malt

伊知郎扑克牌系列

这一系列威士忌是将羽生蒸馏所采购的单一麦芽威士忌装入25升橡木桶中酿熟，继而移入其他酒桶继续酿熟而成。经过2种酒桶的酿熟过程，为原酒加入了更加复杂和深沉的元素。

伊知郎麦芽威士忌秩父单一麦芽双桶酿熟
700毫升·
酒精度61°

伊知郎麦芽威士忌15年
第4批装瓶
700毫升·
酒精度46°

伊知郎麦芽威士忌
双酒厂
700毫升·
酒精度46°

伊知郎麦芽威士忌
方块8
700毫升·
酒精度57°

伊知郎麦芽威士忌
梅花6
700毫升·
酒精度57°

想要使用当地种植的大麦，酿出不逊于秩父产地的威士忌，并推向市场

在这些条件下问世的伊知郎麦芽威士忌，在国际上也获得了很高的评价，并在权威的赛事中斩获奖项。在以欧洲为主的地区，伊知郎品牌的麦芽威士忌渐渐提升了知名度。2008年，秩父蒸馏厂制造的首批威士忌新生上市。

今天，在秩父蒸馏厂，部分精锐骨干正在致力于开发新的威士忌。肥土伊知郎也表示，使用当地种植的大麦，酿出不逊于秩父产地的威士忌并推向市场，这是未来的趋势。他的梦想是，喝到在秩父初次蒸馏的最好的酒桶中酿熟30年的威士忌。

据说罐式蒸馏器尺寸越小，越能生产出口味浓郁的酒液，肥土伊知郎订购的正是最小规格的蒸馏器。林恩臂也选择朝下开口的规格，目的也是要出浓郁的口味。总之对于重口味威士忌有着某种微妙的执着和追求。

● **参观地信息**

原则上不接受参观，但如果调酒师或酒业从业人员同行则另当别论，参观申请可致电0494-62-4601。另外，小规模的蒸馏厂不开设参观通道，且工作人员人

"道尔顿先生"（Mr.Dulton）石泽实讲述

苏格兰三大威士忌品牌夜话

麦卡伦、波摩、百龄坛威士忌是钟爱威士忌的人永远的心头好。
银座的老字号酒吧"道尔顿"的老板石泽实，将在本章为各位介绍它们的历史和魅力。

Major 3 Brands of Scotch
Macallan Bowmore Vallantain

石泽实

生于1937年，曾供职于汽车企业，后参加调酒师培训，1968年，在他步入而立之年时，开设"道尔顿"酒吧（DOULTON），他视调酒师为天职，因最早将麦卡伦威士忌介绍到日本而闻名。

店铺信息
道尔顿
DOULTON
东京都中央区银座6-6-9索瓦雷德银座大厦4层
☎03-3571-4332
营业时间：17:00—24:00
交通：东京地铁银座线从银座站步行5分钟
休息：周日・法定节假日　座位数：12
※服务费1000日元（赠送1～2个小菜）

Macallan

Major 3 Brands of Scotch

麦卡伦
单一麦芽威士忌中的劳斯莱斯

麦卡伦威士忌的魅力在于雪莉酒桶带来的酿熟酒香。
这里介绍由石泽实精选的5瓶麦卡伦威士忌，
每一瓶都是他的挚爱。

麦卡伦
12年威士忌

这是麦卡伦威士忌中的代表产品，此款威士忌在日本是入门款，除了雪莉酒桶酿熟所带来的香草香气之外，还略带生姜和干果的香气。其口感略柔和，呈明亮的红褐色，容量700毫升，酒精度40°。

45年前在圣安德鲁斯岛
邂逅麦卡伦威士忌

位于英国苏格兰岛北部的斯佩塞地区集中了多达51个蒸馏厂，是麦芽威士忌的重要产地。被伦敦老字号百货商店哈洛德百货的威士忌读本盛赞为"单一麦芽威士忌中的劳斯莱斯"的麦卡伦威士忌，正是出产于斯佩塞地区。

"从20世纪70年代起，英国国内盛销的麦芽威士忌中，斯佩塞地区出产的威士忌是最受欢迎的，在麦卡伦的调酒师中评价也很高。著名评论家迈克尔·杰克逊（译注：对啤酒和威士忌均有研究的英国作家）对其进行了评分，其中12年份的获得91分，18年份的获得96分。"

为我们讲述这些的，是道尔顿酒吧的主人石泽实。他是第一个将麦卡伦威士忌介绍到日本的人，故事可以追溯到45年前。

麦卡伦
8年威士忌
黄金三桶

将雪莉桶酿熟的原酒与波本桶酿熟的原酒混合调制而成，是麦卡伦的新系列。其香气比麦卡伦略淡，口感顺滑，呈鲜艳的金色，容量700毫升，酒精度40°。

麦卡伦
30年威士忌

全程在纯雪莉桶中，酿熟30年而成，呈深红褐色，富有馥郁的酿熟香气和复杂的味道。其特点是口感浓郁且醇厚，专家对其评价很高，是极致酿熟的麦卡伦名品，容量700毫升，酒精度43°。

麦卡伦
18年威士忌

这是单一麦芽威士忌中的杰作，令全世界麦卡伦爱好者为之倾倒。在雪莉酒桶中历经18年酿熟，浓缩了麦芽的馥郁芬芳。味道中有水果、生姜味及些许辛辣，酒液呈明亮的红褐色，容量700毫升，酒精度43°。

麦卡伦
原桶威士忌

原桶威士忌是经发酵蒸馏工序后得到的，仅在雪莉酒桶中重复酿制，保持其酒精度数直接装瓶，红标已经投放美国市场，酒液呈红褐色，容量750毫升，酒精度57.4°。

麦卡伦威士忌公司,建造于8世纪,是历史悠久的名门蒸馏厂,自古便为来往此地的牧童所喜爱。

1965年,石泽实在圣安德鲁斯岛上偶然喝到麦卡伦25年威士忌,即刻被它的甘甜,以及雪莉酒醇厚芬芳的酒香征服,成为了麦卡伦的拥趸。它的魅力尽在酒液之中,语言无法尽述。

石泽实当时就断言,这种苏格兰威士忌很适合日本人的口味。回到日本之后,他便开始与代理商交涉,倾尽全力促成了对日进口。于是,在1968年开业的银座道尔顿酒吧的酒架上,便出现了日本第一瓶麦卡伦威士忌的身影。

"说到底还是麦卡伦的味道实在太棒了。经过口口相传,如今在日本已经成为了最受欢迎的单一麦芽威士忌。麦卡伦坚持对品质的要求,购买优质的水源,经过斯佩塞地区最小的直接加热蒸馏器的严格蒸馏,在酿熟过西班牙甜雪利酒(口味厚重的辛辣雪莉酒)的酒桶中酿熟。储存时间越长,雪莉酒的香气、口味越重,醇厚度也越高。在这样的条件下,才酿制出被誉为单一麦芽威士忌中的劳斯莱斯的名酒。如果是初次饮用,从价格和适合度来说,选择12年份的麦卡伦是比较好的。"

(右图)斯佩塞地区最小的直接加热罐式蒸馏器,严格蒸馏的工序,不惜时间和精力。
(左图)盖尔语中意为肥沃土地的"Mac"与18世纪基督教僧侣"Ellan"结合,便诞生了"麦卡伦"一词。

斯佩塞地区特产的单一麦芽威士忌，芬芳馥郁，令人欲罢不能

Macallan
Major 3 Brands of Scotch

　　麦卡伦威士忌蒸馏厂始创于1824年，建在斯佩河中游的克莱拉齐村对岸的山坡之上。这里是高地上第二个政府注册的蒸馏厂，但它的历史可以追溯得更远，从18世纪起就已闻名遐迩。

　　就在绿意盎然、风景优美的斯佩塞地区，麦卡伦威士忌静静地度过悠长岁月。酿熟而成的馥郁芬芳、醇厚甘美，永远牵动着我们追随的脚步。

行家亲传 秘藏的饮用方法！

对半加冰
根据酒杯的大小加入大块冰，接着加入麦卡伦威士忌和等量的水，轻轻搅拌。这种饮法可以更悠闲地享受麦卡伦的风味。

对半加水
建议麦卡伦威士忌与水的比例为1:1，选用常温矿泉水（尽量选软水）。这种饮法最能突出麦卡伦的香气和味道。

生锈钉鸡尾酒
在麦卡伦威士忌中加入微量利口酒（通常使用杜林标），再注入事先加好冰块的古典酒杯中加以搅拌。

波摩
酿造于艾莱岛最古老蒸馏厂的单一麦芽威士忌

浪花轻抚海边的储藏仓库,这里隐藏着大海的香味和甘甜的秘密。

艾莱岛麦芽威士忌中的女王
在海鸥起舞的水边静待酿熟的一刻

有人说,从艾莱岛的麦芽威士忌中,可以尝出大海的香味。

"波摩"一词在盖尔语中指的是"伟大的礁石"。波摩威士忌带有爱尔兰威士忌的显著特点,香草风味与泥煤风味相互匹配,是很受欢迎的单一麦芽威士忌。蒸馏厂位于艾莱岛中心,波摩小镇的中央,建在遥望洛欣达尔湾的浅滩上。

"1779年创业的蒸馏厂,拥有200多年历史,是岛上最古老的蒸馏厂。"镇上的商人大卫·辛普森始创酿酒业被视为其发端,今天仍在采用传统的地板式发芽法的蒸馏厂已是凤毛麟角,这里便是一家。对这种繁琐制法的坚持,体现出了手艺人的风骨。

波摩30年威士忌

波摩威士忌中的极品。瓶身上的图案是传说中栖息于蒸馏厂附近的龙的形象。其味道复杂,烟熏香味恰到好处。瓷器酒瓶显示着满满的高级感。容量700毫升,酒精度43°。(现已不在市面销售)

波摩18年威士忌

富于浓郁的雪莉酒桶的甘甜味道,这也是波摩威士忌的特点。甜美的香气和清淡的烟熏味绝妙地交织在酒液中,复杂馥郁的香气和味道自不必说,那美丽的琥珀色更令品尝它的人沉浸在奢侈的氛围之中。容量700毫升,酒精度43°。

波摩12年威士忌

在产自艾莱岛的威士忌中,它位于中流,也最适合通过它来了解整个艾莱岛的麦芽威士忌。对于初次品尝苏格兰威士忌的人来说,它也是最容易适应的。它的香气中带有烟熏味,入口顺滑,余韵持久。容量700毫升,酒精度40°。

地板式发芽法是将大麦吸饱水分后铺在水泥地板上，工人用木锨翻动大麦，使其发出麦芽，专供波摩威士忌酿制所用。

均匀发芽的麦芽再经过热风进行干燥。这时，干燥塔下焚烧的泥煤和石灰令其带上了艾莱岛威士忌特有的烟熏味。

波摩威士忌的泥煤香，在艾莱岛出产的威士忌中位居中流。其特点是，在微妙的泥煤香和烟熏味中，混杂着大海的香味、水草的香味、薰衣草的香味及各种馥郁的花香，这些复杂的香味在其中达到了绝妙的平衡。"波摩威士忌的美丽就在这无与伦比的香味中。"石泽实如此赞道。

单一麦芽威士忌的酿熟，受当地的土壤、风土、气候的影响很大。波摩威士忌香味的奥妙也正蕴藏于此。

"香味特点鲜明，因此喜欢与不喜欢可以泾渭分明。只是很多人一旦喜欢上它，就会紧紧追随。"

经过蒸馏的波摩麦芽威士忌，装入酒桶，移入储藏间，倾听潮水涨落之声。5年、10年、15年……它呼吸着大海的香味，释放出成熟的泥煤香气。这就是"艾莱岛麦芽威士忌女王"。

蒸馏厂建在海边，泥煤香味中融入海风，酒液之中也漂浮着潮水的香味。

行家亲传 秘藏的饮用方法！

对半加水

波摩威士忌与常温水的比例为1∶1，这种饮法，最能够享受波摩独特的大海的香味，建议使用郁金香形酒杯盛装。

对半加冰

酒杯中放入大块冰，注入与波摩威士忌等量的水，轻轻搅拌，选用镂花水晶酒杯饮用，可令酒液更添美味。

丘吉尔鸡尾酒

这是以英国首相丘吉尔的名字冠名的鸡尾酒。配比是波摩威士忌3/6，君度橙酒1/6，苦艾酒1/6，酸橙汁1/6。

百龄坛

代表苏格兰的
极品调和型威士忌

极品苏格兰威士忌
来自极品麦芽,以及首席调酒师的技艺

桑迪·希斯洛普于2006年升级为首席调酒师。

百龄坛创始人乔治·百龄坛曾是爱丁堡的食品和酒类商人的契约奴仆,最终成就伟业。

百龄坛30年威士忌

这是百龄坛公司的巅峰之作,经过30年漫长的岁月,只使用最成熟的原酒酿制而成。香气沉稳深邃,味道醇郁芬芳,不愧为苏格兰威士忌之王的盛名,容量700毫升,酒精度43°。

(左图)酿制苏格兰威士忌的四大要素分别是：大麦、水、壶式蒸馏器、酒桶。
(右图)二棱大麦是麦芽威士忌的主要原料，百龄坛威士忌只选用优质的大麦。

40多种麦芽原酒与谷物的调和

优秀的调酒师组合多种麦芽威士忌与谷物威士忌，创造出百龄坛威士忌。这是百龄坛被誉为"散发香气的威士忌"，成为人们挚爱的极品调和型威士忌的原因。

绝妙的调和技术酿出芬芳醇和，馥郁浓厚的味道和香气，余韵悠长持久。这秘不外传的调和技术，在百龄坛的调酒师中代代传承至今。

"虽创业至今已有180余年，从创始人乔治·百龄坛，到今天的桑迪·希斯洛普，在百龄坛漫长的历史中留名的首席调酒师，也只有区区5位。2005年退休的第4代首席调酒师罗伯特·希克斯据说通晓百龄坛所有蒸馏厂所使用的麦芽，能分辨4000种香味，并且能够搭配组合出各种各样的威士忌。

若论百龄坛威士忌的代表作，非百龄坛17年威士忌莫属。其中含有从北部奥克尼的斯卡帕蒸馏厂，到西部艾莱岛的拉弗格蒸馏厂

百龄坛特醇
这是标准苏格兰威士忌的畅销品，香气澄澈，入喉顺滑，柔和的风味令人着迷，口味不轻不重，是苏格兰威士忌入门款。容量700毫升，酒精度40°。

百龄坛17年威士忌
是一款极品调和型威士忌。使用酿熟超过17年的精选麦芽威士忌及谷物威士忌调和，其口感既厚重又柔和，香气深厚悠远。容量700毫升，酒精度43°。

百龄坛12年威士忌
这是前首席调酒师罗伯特·希克斯调和的12年威士忌，他调和此款酒的初衷，是想获得一种无论加水还是加冰块，都仍能保持浓郁香气的苏格兰威士忌。加水散发出的香味最为适宜。容量700毫升，酒精度40°。

这一款极品苏格兰威士忌利用绝妙的调和技术，获得醇和的味道、香气及悠长的余韵

出品的，约40多种的麦芽原酒。主要的麦芽威士忌为米尔顿道夫、格兰伯吉等7种麦芽原酒，最后加入谷物威士忌，以此调和出最高级的苏格兰威士忌。"

百龄坛17年威士忌于1937年出品，而在16年之后的1953年，才在日本东京初次上市，以高档威士忌的面貌与人们相见。

"在20世纪60年代，一个初入社会的工薪族薪资是每月7000~8000日元，而那时一瓶入门级威士忌的价格是4700日元。我偶尔有幸

Ballantain's
Major 3 Brands of Scotch

品尝到如此昂贵的百龄坛,便被其香味和深厚的味道所震惊。百龄坛17年威士忌在日本上市之后的50多年里,如同威士忌酿熟出醇和味道一样,我这个人也变得圆熟,并且对人生也有了更深的体会。"

时年已73岁的石泽实站在被磨得颇为光亮的柜台后面,面色沉静,一边悠闲地点着烟斗,一边如此叙说。

琥珀色的百龄坛17年威士忌被郑重地摆放在柜台之上,当品尝它的时候,会渴望自己有足够的成熟,足以品出它的圆润醇和。

银座的老字号酒吧"道尔顿"于1968年开业,酒吧面积约33平方米,吧台设12个座位,提供酒品约1200种,以麦芽威士忌为主,是成熟人士休息放松的好去处。

行家亲传
秘藏的饮用方法!

加水加冰块

如果充分混合的话便无异于一杯水,因此选择此种饮法时,不加搅拌反而更好喝,比例为百龄坛特醇威士忌45毫升,水60毫升。

加冰块

加入大块冰以延长融化时间,这是关键,百龄坛特醇威士忌即使加了冰块,也不能掩盖其馥郁的芬芳,因此可以根据自己的喜好注入适量的酒液。此种喝法简单美味。

罗布·罗伊鸡尾酒

以侠盗罗布·罗伊命名的鸡尾酒,配比是威士忌3/4,甜苦艾酒1/4,安高天娜苦酒1滴,投入马拉斯奇诺樱桃,加以搅拌。

1. 漫步街头，饱含意趣的景象随处可见
2. 呼吸着高地特有的田园牧歌般的空气
3. 古城因弗内斯的街道

爱丁堡的街道已录入世界遗产名录。苏格兰威士忌正是在这个包围在抒情氛围中的小镇上酿制的。

单一麦芽威士忌的圣地
苏格兰寻访

说起威士忌的话题，绝绕不开苏格兰威士忌的故乡——苏格兰。
在英国，饮用单一麦芽威士忌的风潮长久以来盛行不衰。
我们也慕名来到了单一麦芽威士忌的蒸馏厂、
麦芽装瓶商以及单一麦芽威士忌酒吧一探究竟。

在苏格兰威士忌的诞生地，发现威士忌的真谛

我们搭乘飞机从伦敦出发，飞行约2个小时便抵达苏格兰，来追寻被称作"生命之水"的极品单一麦芽威士忌。到达机场后，租车前往苏格兰威士忌的蒸馏厂。闲适恬静的田园风光一路铺展开去，迎接我们的是牧场上自由散步的牛羊群。

展开地图，发现蒸馏厂大多分布在远离城市的地方，这不禁令人联想起，在伦敦的苏格兰威士忌酒吧，老板曾讲起过私造酒时代的故事。据说18

苏格兰威士忌在苏格兰

发现威士忌

一锤拍出60000日元！
发现梦幻般的
黑波摩42年威士忌

在艾莱岛最古老的波摩蒸馏厂，于1964年引进的蒸馏器中初次蒸馏出原酒，装入雪莉酒桶中反复酿熟，才得到这瓶昂贵的威士忌。由于酒液接近黑色，故将其命名为黑波摩。同样于1964年蒸馏而成的高价威士忌系列中，还有白波摩威士忌与金波摩威士忌。

黑波摩42年威士忌

世纪初，当时的英格兰政府向苏格兰地区所生产的蒸馏酒征收高额税金，致使无力缴税的小型蒸馏酒厂主逃往深山，将他们私酿的蒸馏酒藏在空的雪莉酒桶中，等待买家前来问津。这些蒸馏酒在雪莉酒桶中酿熟，变成美丽的琥珀色。苏格兰有高地、斯佩塞、爱尔兰、艾莱岛、坎贝尔镇、低地6个地区内大大小小100多个蒸馏厂，但其中的大部分都集中在苏格兰北部的高地。

据说，苏格兰的单一麦芽威士忌因产地和蒸馏厂酿造特点的不同，其香气和味道也千差万别。当我们行进在寻访苏格兰梦幻世界的旅途上，内心充满了对那个世界中传奇故事的期待。

苏格兰威士忌在苏格兰
格兰杰蒸馏厂

滚动着酒桶向前移动

苏格兰威士忌浓香的秘密
隐藏在格兰杰威士忌中

苏格兰威士忌中品尝人数众多的单一麦芽威士忌之一,就是格兰杰威士忌。
它变化多样的味道和芳香令人为之着迷。
既传承了传统的酿造技术,又以开路先锋的姿态,开创出单一麦芽威士忌的新时代。

Glenmor

格兰杰威士忌蒸馏厂
Glenmorangie Distillery
Glenburgie Distillery
地址:罗斯郡坦恩镇格兰杰威士忌蒸馏厂
☎01862-892-477
http://www.glenmorangie.com
(访客中心)开放时间:
周一—周五 9:00—17:00
周六 10:00—17:00,周日 12:00—16:00
休息:圣诞节,年末年初
门票:3英镑

（上图）蒸馏厂附近森林中涌出的泰洛希泉水，是透明度极高的硬水。

（下图）人称"坦恩镇16巧匠"的熟练匠人，仍延续着他们对传统酿法和味道的坚持。

继承传统工艺
挑战创新改革
成就新鲜口味

格兰杰蒸馏厂位于苏格兰高地地区的坦恩小镇郊外，面朝北海，沿海岸线而建。海风轻送着麦芽香味。格兰杰是盖尔语，意为"幽静的山谷"，创始人威廉·马西森以此为其命名，是为了向这片广袤大地表达敬意。

1843年，威廉·马西森本着酿造真正的威士忌的初衷，改造了啤酒工厂，他们还从遥远的伦敦购买了用于蒸馏杜松子酒的天鹅颈壶式蒸馏器，自1849年起开始生产威士忌。而当时在苏格兰的蒸馏厂，使用球形蒸馏器是业内共识。正是敢于打破既有观念，勇于创新和尝试的精神，才赋予了格兰杰威士忌独有的新鲜、纯粹的口味。

格兰杰威士忌很快便在英国国内获得了广泛的认可，继而将产品销售扩展至海外。此后，蒸馏厂虽被转让给多个商人，但令巧匠们引以为豪的传统工艺，却代代传承了下来。而他们也因其功勋卓著，被人们冠以"坦恩镇16巧匠"的美名。

酒厂自1960年开始引入波本酒桶来酿熟原酒，代替当时主流的雪莉酒桶。1996年，格兰杰蒸馏厂公布了其独创的酒桶酿熟工艺，即以波本酒桶为主体，使用雪莉酒桶、葡萄酒桶、红酒桶等进行酿熟。今天，所有的蒸馏厂都在销售各种的苏格兰威士忌，而格兰杰则以官方装瓶（译注：由首席调酒师在蒸馏厂里直接将生产出的威士忌装瓶）、原桶强度、单桶灌装及酒桶酿熟等闻名。

步骤 1

首先从
发酵麦芽开始

利用大麦麦芽中的酵素糖化，在得到的糖液中加入酵母菌令发其酵，这一过程与啤酒的酿制基本相同。

单一麦芽威士忌是如何酿制的

水、大麦、壶式蒸馏器、酒桶，这些是苏格兰威士忌品质的决定性因素。

在格兰杰威士忌蒸馏厂，以苏格兰种植的大麦，泰洛希泉涌出的富含矿物质的水为主要原料，加入酵母菌令其发酵，然后投入苏格兰最高的壶式蒸馏器中进行蒸馏。得到口感新鲜、纯粹的原酒之后，装入事先甄选出的最高级的酒桶进行酿熟，即可酿出无比香醇的单一麦芽威士忌。

另外还有勒桑塔、昆塔、卢本、纳塔朵等品牌利用了欧罗索雪莉酒桶、红宝石波特酒桶、苏特恩白葡萄酒桶等，因此其风味更具个性。

步骤 2

使用壶式蒸馏器
进行蒸馏

在壶颈长5.14米的壶式蒸馏器中二次蒸馏，以提高酒精浓度。对蒸馏过的原酒的温度、酒精的浓度都有严格管控。

步骤 3
装入酒桶，长时间酿熟

格兰杰蒸馏厂的酿熟车间面朝北海，海上吹来的海风赋予酿熟以微妙的变化，令酒的味道更加醇厚。

Glenmorangie Sonnalta
格兰杰索纳尔塔PX

这是格兰杰蒸馏厂的最新产品，此品牌名称来源于盖尔语"Sonnalta"（意为"丰富"），"PX"则来自"Pedro Ximenez"的首字母，即酿熟所用的佩德罗希梅内斯（白葡萄品种）酒桶，这个品牌名称中寄予着一种愿望，即以西班牙出产的葡萄为原料，在佩德罗希梅内斯制造的雪莉酒桶中酿熟的单一麦芽威士忌，将丰富的甘甜美味带给全世界。

苏格兰威士忌在苏格兰

格兰杰蒸馏厂

麦芽威士忌独立装瓶业的领军者

高登&麦克菲尔

高登&麦克菲尔公司从苏格兰各地优质的蒸馏厂收购单一麦芽原酒，
自主装瓶贩卖。使该公司卓尔不群的，
是其收购的单一麦芽威士忌品牌十分齐全。

**装瓶商的存在，
扩展了麦芽威士忌的品尝乐趣**

坐落于苏格兰北部埃尔金市的高登&麦克菲尔公司，由始创于1895年的高级食材商店起步。依托高地上蒸馏厂最集中的斯佩塞的地理优势，开始了其独立装瓶商的经营生涯。

从生产到装瓶均由蒸馏厂一条龙管理和销售的模式，是今天制酒业行内的共识。但在很久以前的苏格兰，蒸馏厂负责从生产原酒到将其装入酒桶，而从装瓶到销售则由装瓶商负责。装瓶商从各类蒸馏厂购买原酒，装入酒瓶，贴上自己的商标后出售。这一商业模式在当时非常盛行，这也是独立装瓶商的由来。

在高登&麦克菲尔公司，原酒在从世界各地购买的酒桶中酿熟之后进行装瓶。在酿熟车间里，保存着超过1500个从蒸馏厂购买的原酒酒桶。麦卡伦、朗摩、慕赫、格兰威特、斯特拉塞斯拉等珍贵的威士忌也在此休眠。

其中，"鉴赏家的选择"系列十分有名，是从高地、斯佩塞、爱尔兰、艾莱岛、低地等约50个蒸馏厂购入原酒，独立酿熟销售。该系列中还有已经关闭蒸馏厂的班夫（斯佩塞地区）、波特艾伦（艾莱岛）的原酒酿熟而成的珍贵单一麦芽威士忌。除此之外，目前活跃在市面上的还有"原桶强度""斯佩默麦卡伦""麦克菲尔的选择"等各种系列。

Gordon & MacPhail

高登&麦克菲尔公司
Gordon & MacPhail
地址：马里埃尔金58-60南大街
☎01343-545-110
http://www.gordonandmacphail.com/
营业时间：9:00—17:00
休息：圣诞节、年末年初

现代高架仓库。威士忌存放在高处与低处,因其温度和湿度等条件不同,所获得的威士忌口味也各不相同。

高登&麦克菲尔公司的原装瓶"经典"系列，公司从皇家系列（斯佩塞）、富特尼（高地）、格兰爱琴（斯佩塞）、高地公园（奥克尼群岛）的蒸馏厂购入原酒，酿熟并装瓶，仅限于埃尔金市销售，每瓶35.75英镑。

苏格兰威士忌
在苏格兰

高登&麦克菲尔

位于埃尔金市中心的公司总部一楼开设门店，出售食品，以及包括高登&麦克菲尔原装瓶在内的各种威士忌。

发现威士忌
发现珍品威士忌！

第二次世界大战中，苏格兰所有蒸馏厂的煤炭、大麦供给受到严格的管控，因此那段时期生产的原酒数量非常少。尤其是用1938年蒸馏的麦卡伦威士忌装瓶的斯佩默麦卡伦威士忌，其贵重程度堪称"梦幻般的麦卡伦"，是十分罕见的珍品威士忌。

❶ **Glenlivet 53 years**
格兰威特53年威士忌（1943年蒸馏），售价7800英镑

❷ **Speymalt from Macallan 65 years**
斯佩默麦卡伦65年威士忌（1938年蒸馏），价格面议

❸ **Mortlach 60 years**
慕赫60年威士忌（1938年蒸馏），售价24520英镑

苏格兰威士忌
在苏格兰
单一麦芽威士忌酒吧

令全球威士忌爱好者向往的
单一麦芽
威士忌酒吧

此处收藏从苏格兰各地甄选出的单一麦芽威士忌，
杂糅了200多种新、旧款。
为旅人提供疗愈和享受麦芽香的空间。

在富有历史感的优雅氛围中，
尽情享受苏格兰威士忌

在最大的威士忌产地斯佩塞地区，一个人口仅500人的小山村里，有一家克雷盖拉希酒店。在这个地区分布着50多个蒸馏厂，其中包括闻名世界的麦卡伦、格兰威特、格兰菲迪等品牌。1893年开业的克雷盖拉希酒店，与斯佩塞的单一麦芽威士忌历史同步走来，直至今天。

漫步于四面环山的小村庄之中，可以邂逅赋予此地威士忌独特个性的"水"之源——斯佩河。水源丰富的格兰扁山脉是斯佩河的发源地，除威士忌之外，河中的三文鱼也非常有名。每年的春天到秋天，英国有不少绅士都会来到此地玩飞钓。

奎克酒吧
Quaich Bar at Craigellachie Hotell

(克雷盖拉希酒店内)
Quaich Bar at Craigellachie Hotel
地址：克雷盖拉希村维多利亚街
☎01340-881-204
http://www.oxfordhotelsandinns.com
营业时间：12:00—24:00 年中无休
住宿费：75英镑起
威士忌售价：3英镑起

酒吧内一面墙上整齐排列着各种各样的麦芽威士忌，其中多有珍品。

e Malt

踏进酒店酒吧，目光就会被靠墙酒架上紧密排列的各种单一麦芽威士忌吸引。其中既有麦卡伦威士忌，也有各个年代蒸馏厂的原装瓶、独立装瓶商的原装瓶等20多种。"1940年代前后的麦卡伦威士忌与现在的不同，带有泥煤独特的味道，在某种意义上也违背了麦卡伦的世界观。第二次世界大战中煤炭供给不足，酿酒时据说使用了相当比例的泥煤。"酒吧经理迈克尔·布朗一边说，一边递给我们一本品酒笔记。

在这本笔记中，来到奎克酒吧的威士忌爱好者们记录下了各种威士忌的特点。为我们揭开味道和香气复杂的苏格兰威士忌的口味、风味之谜提供了灵感。这凝聚了历史氛围的空间，让人忘记夜已深，只想永远与这杯威士忌相伴。

发现威士忌
奎克酒吧经理私人推荐的5瓶威士忌

❶ **克雷拉奇14年** — 2004年上市，取代了"花与动物"系列的单一麦芽威士忌。

❷ **酷·艾拉12年** — 此款酒从邓肯泰勒公司的珍品中甄选而出，是代表艾莱岛的酷·艾拉蒸馏厂出品的单一麦芽威士忌。

❸ **格兰花格29年** — 格兰花格在盖尔语中是"绿草茂盛的山谷"之意，这款酒选自格兰花格蒸馏厂的酒桶，2001年上市。

❹ **克雷拉奇21年** — 选自酿造白马威士忌原酒的克雷拉奇蒸馏厂的单一麦芽威士忌酒桶，2003年上市。

❺ **格兰威特22年** — 格兰威特蒸馏厂坐落于海拔270米的深山地区，此款酒来自该蒸馏厂的酒桶，2002年上市。

苏格兰威士忌在苏格兰
单一麦芽威士忌酒吧

General Manager
总经理
迈克尔·布朗

拥有广博的苏格兰威士忌知识，对待威士忌初学者态度谦和，只要了解顾客的口味，便能为其选出适合的威士忌。享受与威士忌完美的邂逅。

邂逅!
本地人光顾的轻松酒吧
也吸引着威士忌爱好者

苏格兰威士忌是苏格兰人的骄傲。满街的酒吧中,无论青年人还是中年人,都在品尝属于各自的美酒,热烈交谈,直至深夜。

Clachnaharry Inn
克拉克那哈利旅馆

这是苏格兰高地地区的比尤利湾沿线,在从古留存至今的公共马车客栈基础之上改建而成的小酒馆。近年在单一麦芽威士忌上下了不少功夫。提供高地公园威士忌,每杯售价2.5英镑。

克拉克那哈利旅馆
地址:因弗内斯市克拉克那哈利17-19号高街
☎ 01463-239-806
营业时间:11:00—01:00
定期休息日:需协商
威士忌:2.5英镑起
http://www.Clachnaharryinn.co.uk

在旅馆附设的餐厅中,可以品尝到用苏格兰食材制作的传统美食,经常门庭若市。

Nico's Bar at The Glen Mhor Hotel
摩尔峡谷酒店内尼克酒吧

位于高地地区首府因弗内斯山脚下的酒店附设的威士忌酒吧,洋溢着古老的苏格兰农户家小仓库的怀旧气息,是情侣在周末爱去的休闲场所。

提供以考究方法烹制的新鲜海鲜的餐厅,获得很高的赞誉,吸引着远近的游客。

摩尔峡谷酒店内尼克酒吧
地址:因弗内斯市尼斯河岸边9-15号
☎ 01463-234-308
http://www.glen-mhor.com
营业时间:12:00—23:30
年中无休
威士忌售价:3.5英镑起

威士忌达人传授
调制美味威士忌的法则

执着于一种能体现完美香味的威士忌酒杯,体会极品冰块带来的味觉变化,欣赏极品音乐与威士忌交融所带来的乐趣。威士忌达人告诉你,如何才能遇见一杯真正美味的威士忌。

酒杯
冰块&水
音乐

调制美味威士忌的法则

第1节
威士忌 × **玻璃酒杯**

page 090
玻璃酒杯会影响
威士忌的味道

page 093
使用直身玻璃酒杯
品尝单一麦芽威士忌

page 097
使用方法不计其数!
威士忌酒杯精品名录

page 099
全球高级的
玻璃杯品牌巴卡拉

第2节
威士忌 × **冰块&水**

page 102
美味的冰块与水
为享用威士忌平添幸福感

page 104
冰块和波本威士忌
最般配!

page 108
精选名品为极品冰块和水
增光添彩

page 111
顶级天然冰就在日光市!

第3节
威士忌 × **音乐**

page 114
威士忌与音乐的
深远关系

page 116
与威士忌最般配的
30张唱片

page 120
唱机让威士忌
带来的欢乐加倍

选择一种能激发出
麦芽魅力的玻璃酒杯

单一麦芽威士忌专卖店"伯恩斯"（BURNS）中，备有10种玻璃酒杯，包括麦芽威士忌专用酒杯、闻香杯等。"如果不特别指定的话，店里提供的都是奥地利醴铎牌的酒杯。如果是纯饮，则推荐闻香杯。下宽上窄的闻香杯很适合长时间享受酒香"，青井谦治如此介绍。威士忌新手容易认为，纯饮威士忌应该用烈酒杯，但实际上，威士忌和红酒一样是需要享受香味和风味的酒。

"玻璃酒杯会大幅影响威士忌的味道。如果要追求原味，最好选择杯口浅的酒杯。冰镇过的威士忌，香味会被封锁在内，因此请尽量先纯饮，品味各自的个性。"

威士忌爱好者中有不少人认为，"香味"才是单一麦芽威士忌的生命。如果您得到一瓶优质麦芽威士忌，建议您使用与之匹配的玻璃酒杯饮用，直接享受酒液的芬芳润泽。

第1节
威士忌 × 玻璃酒杯

玻璃酒杯会影响威士忌的味道

三鹰"伯恩斯"
青井谦治

伯恩斯拥有700多瓶麦芽威士忌，展现它们个性的不仅有味道，还有香味。

伯恩斯推荐的常用玻璃酒杯

店内陈列着大量外观时尚且实用性优越的玻璃酒杯，都是以单一麦芽威士忌名店一以贯之的标准，严格挑选的。如果挑选与之相同的款型，基本不会出错。

店内陈设均为立式，从整面墙壁上排列着的700多瓶威士忌中，取下一瓶拿在手中，令人充满期待。

Strait Glass
纯饮杯

伯恩斯店内不使用烈酒杯，却有大量的麦芽威士忌专用酒杯，每一个都小巧玲珑，气质优雅。多数威士忌酒杯的杯茎（手持酒杯时手指接触的杯脚部分）较短，这一点不同于红酒杯。每一个酒杯都是为了凸显酒香而选。

SUNTORY
三得利

这是三得利原创的闻香杯。三得利的调酒师都在使用，蒸馏厂中也有出售。

RIEDEL
醴铎

这是专为单一麦芽威士忌而制造的玻璃酒杯，杯口较浅，适合品味细腻的味道和香气。

GLENCAIRN
格兰凯恩

现在，格兰凯恩公司向苏格兰所有的蒸馏厂供应闻香杯。

GLENCAIRN
格兰凯恩

这是苏格兰娱乐企业Whisk-E公司的广告赠品，由威士忌酒杯名牌格兰凯恩制造。

Rock Glass
古典酒杯

伯恩斯选择的古典酒杯,是厚重的水晶酒杯,这是因为利用氛围也是可以衬托出麦芽威士忌的。杯身设计一直保留简约风格,可以令麦芽威士忌的琥珀色更加美丽。当然,酒中是否加入不易融化的大体积冰块也是很关键的。

Kagami crystal
加贺美水晶

以日本皇室用品承办商的身份而闻名,此品牌的酒杯用于加冰饮用威士忌。杯身恰到好处的圆润设计带来很好的手感。

Baccarat
巴卡拉

巴卡拉的水晶杯透明度很高,能够很好地映衬出麦芽威士忌美丽的颜色。

Kagami crystal
加贺美水晶

虽属同一系列的酒杯,此款杯身设计爽利,显得较为男性化,适合加入圆形冰块或食用冰。

外传
饮用威士忌苏打时选择平底玻璃杯

如果要全情享受麦芽威士忌美好的味道,伯恩斯一般都推荐纯饮。但如果顾客有特殊要求,他也会提供威士忌苏打。选择此种饮法,伯恩斯会使用杯身较高的平底玻璃杯来盛装。

店铺信息

三鹰伯恩斯酒吧
东京都三鹰市下连雀3-34-20
万平大厦2楼
☎ 0422-47-2623
营业时间:18:00—1:00
休息:周日

拾遗

搭配威士忌的伯恩斯小点

哈吉斯(译注:一种苏格兰布丁)是苏格兰威士忌的故乡苏格兰自古流传至今的食品,一种是用羊的内脏与香料等原料制成的菜肴,被誉为苏格兰的"国菜",深受欢迎。在青井谦治的改造之下,其口味变得也很适合日本人。

这是伯恩斯自制的披萨,食材使用了哈吉斯,售价840日元,口味清淡,是店里的名菜。

使用直身玻璃酒杯品尝单一麦芽威士忌

从麦芽威士忌与直身酒杯的组合中,如何品出乐趣?
直身酒杯与哪种极品苏格兰威士忌更相配?

第1节

威士忌 × **玻璃酒杯**

威士忌法则

上等的威士忌,要用上等的酒杯细细品味

威士忌在各方面容易被人认为不够风雅,但包括单一麦芽威士忌在内,威士忌原本是一种无论味道还是香气都不失细腻的酒。威士忌要经过长年的酿熟,其中也有些会像红酒那样,接触空气之后,静置时间越久香气越芬芳。

近年来,许多玻璃制品企业都在开发生产威士忌专用酒杯。无论哪种款型的威士忌酒杯,都着力于设计得体积小巧、杯口轻薄,以便很好地锁住威士忌的香味。小巧玲珑的玻璃酒杯将琥珀色酒液衬托得更美,只看外观也是一种享受。

―――― 获得美味纯饮的诀窍 ――――

要点 1
注意威士忌倒入玻璃杯的量

饮用单一麦芽威士忌的乐趣正在于享受其香味,因此,如果把酒杯斟得过满就没有意义了。酒吧及餐馆提供的威士忌分量,单一麦芽威士忌为30毫升,双份则为60毫升,虽然最理想的是使用专门的量杯,但只要让人觉得分量太少,证明那个量就是恰到好处的。

要点 2
使用矿泉水做酒后水

这里推荐的是适合亚洲人饮用的软水。某家酒吧的店主曾说:"酒后水都不好喝的店是不会有回头客的。"饮用酒后水的目的,是在饮用烈酒之后重置口味,如果用自来水做酒后水,会残留氯的刺激味道,喝过之后再喝威士忌,便品不出真正的味道。

用直身玻璃酒杯享受苏格兰威士忌

享受一杯上等的、散发馥郁香味的单一麦芽威士忌，你需要一个直身玻璃酒杯！那么，直身玻璃酒杯是如何成就馥郁芬芳的威士忌的呢？

Mosstwie 1979
莫丝都维 1979

在罗门式蒸馏器中制造的典型麦芽威士忌，就是"莫丝都维"与"格伦克雷格"。

Glen Elgin
格兰爱琴

这是一款不容错过的威士忌，正如青井谦治所说，"它的完成度之高，让人不禁以为是偶然所得。"

Macallan 1969-2000
麦卡伦 1969—2000

这瓶39年陈酿的麦卡伦，被青井谦治盛赞为"2009年喝过的麦芽威士忌中最美味的。"

Longmorn
朗摩

此款酒装在首次装桶的波本酒桶中酿熟16年而成。口感丝般顺滑，味道如蜂蜜般甘美。

第1节
威士忌 × 玻璃酒杯

威士忌
法则

Glendronach ALLARDICE
格兰多纳18年
阿勒代斯雪莉桶
单一麦芽威士忌

这是一款以蒸馏厂创始人名字命名的麦芽威士忌。雪莉酒桶香味浓烈，浓厚的甘甜味如蜂蜜。

Glenmorangie Aster
格兰杰 阿斯塔

蒸馏厂负责人比尔·拉姆斯登博士对酿熟酒桶精心挑选，制造出的一款威士忌，特点是甘甜醇厚。

Octmore Edition /2.140
泥煤怪兽2.140版

使用苯酚值140ppm的麦芽制造，是世界上泥煤味最强的麦芽威士忌。

Old Pulteney
老富特尼

若论高地麦芽威士忌，老富特尼馥郁的口感堪称绝佳，在酒桶酿熟威士忌中，它略带海风的香味。

Glenlivet Nadurra
格兰威特16年
纳朵拉

在首次装桶的波本酒桶中经16年酿熟，口感丝滑，可以品出如蜂蜜般柔和的甘美。

Balvenie Single Barrel
百富单桶
单一麦芽威士忌

每年秋天装瓶，次年春天到夏天便会售罄，是全球极受欢迎的单一麦芽威士忌。

Macallan Gran Reserva
麦卡伦
紫钻

在欧罗索雪莉酒首次陈酿的酒桶中陈熟，略带雪莉酒的风味。

Singe-single Bere Barley 1986
辛格·辛格·贝尔·巴利
1986

这是人称"酿熟魔术师"的米歇尔·库夫勒尔精心制作的名品。

Benwyvis
本威维斯

本威维斯蒸馏厂创立于1965年，关闭于1977年。此款麦芽威士忌的上市，在今天看来仍是奇迹。

Brora1982
布朗拉1982

酿制此款麦芽威士忌的蒸馏厂，自1969年开设，只维持了14年。泥煤香味浓烈，令许多人一喝便难以忘怀。

Strathisla 1967
斯特拉塞斯拉
1967

此款60年代装瓶的麦芽威士忌，奶油味与甜美的香味是绝妙的搭配。

拾遗

世界级威士忌作家
迈克尔·杰克逊监制的玻璃酒杯

比红酒所用的闻香杯小一圈，而且带一个杯盖。这是设计上令人印象深刻的特点。增加杯盖的目的，是让人能够最大限度地享受威士忌的香味。

威士忌酒杯精品
根据用途分类使用

威士忌酒杯有各种各样的形状和品牌。
如能有幸邂逅一款心仪的酒杯,
威士忌将变得更加美味。

特色精品

将形状设计做到极致,
堪称玻璃酒杯中的
精密仪器

RIEDEL
醴铎

**世界第一个根据不同酒的香味
设计的玻璃酒杯品牌**

醴铎是奥地利一家制造红酒杯的老牌企业,拥有超过250年的历史。该企业以制造波希米亚玻璃起家,业务也涉及窗玻璃及车前灯玻璃制品,直到20世纪50年代才开始制造红酒杯。

企业第9代继承人克劳斯·约瑟夫·醴铎发现,酒杯的大小和形状对红酒的味道有很大影响,这一发现正是一个契机。

一直以来,酿酒行家和品酒师们根据各种红酒的特点,反复研究着酒杯的设计。许多酒杯虽然设计简约,但其容量、厚度、角度、曲线等细节,无不经过了精密的计算,因此才得到众多红酒爱好者的钟爱。如今,除了红酒,该企业也着力制造单一麦芽威士忌、波本酒等的专用酒杯,其目的当然是为了配合将酒的个性发挥到极致。也有不少酒杯的价格较为适中。

第1节

威士忌
×
玻璃酒杯
威士忌
法则

醴铎

**序曲系列
波本威士忌酒杯**
即使是在专业领域使用,也能获得很高评价。售价1838日元。

**侍酒师系列
单一麦芽威士忌酒杯**
请务必将其专用于饮用单一麦芽威士忌。售价12600日元。

娜赫曼

**皮肤平底玻璃杯
紫晶色**
从杯身的透明部分可以看出琥珀色。售价12600日元。

**皮肤平底玻璃杯
赤铜色**
深深的切割纹设计美观。售价12600日元。

衬托威士忌的
玻璃杯&平底杯品牌选择

挑选玻璃杯的标准，包括外观设计、使用便利性等。而适合所有品牌威士忌，且设计简约的玻璃杯则是首选。不过，正因其是每日必用的物品，对其质量还是要严格要求的。希望各位能够选到一款足以自夸的玻璃杯。

Tambler
平底玻璃杯

一般来讲，平底玻璃杯是指圆柱形的玻璃杯。当选择威士忌苏打、加水加冰块饮法，或制作鸡尾酒时适合用这种酒杯。平底玻璃杯的种类多种多样，如果是在日常生活中的话，无论酒精饮料或非酒精饮料，都很适合盛装。建议常备数个8盎司（约240毫升）左右容量的平底杯，以应对各种用途。

ittala caltio
伊塔拉 卡尔提奥
越简约越精品！这是一款北欧设计的玻璃杯/休闲生活（日本网店relex-living）

iittala aalto
伊塔拉 阿尔托
此款平底杯抓握感、持久性好/休闲生活（日本网店relex-living）

Rock Glass
古典杯

一望便知，这是用来加冰块饮用威士忌的玻璃杯。应用了切割纹等多种装饰性设计，在日常使用中增加了便利性。尤其可贵的是，平底设计便于加入大体积冰块，也便于清洗。建议选择透明玻璃杯，以便更好地欣赏琥珀色酒液。

KAMI Long
高桥工艺KAMI系列木器杯
质朴的木器杯手感非常温和/休闲生活（日本网店relex-living）

USUHARI
超薄玻璃
日本松德硝子制造的精品玻璃杯，追求以超薄玻璃增加饮酒的快感/休闲生活（译注：USU意为"薄"，HARI意为"玻璃"）

Stolezle
索雅特
其特点是杯身较短，大块冰块像冰山般露出杯沿/艾烈希（意大利知名家居用品制造商）

Double Wall Glass
双层玻璃杯
波顿独有的双层玻璃杯，保温效果非常好，放入杯中的冰块不易融化/波顿（丹麦的厨房用品网店品牌）

拾遗

子弹杯的容量是多少？

"1子弹杯"代表1盎司，约合28毫升。其原意为"1杯量的酒"。过去在美国没有将威士忌稀释饮用的习惯，因此一般每次点1盎司酒，这个名称也正是由此而来。

W子弹杯，容量在60毫升左右，也可以用来称量液体。

也叫单发子弹杯，容量约28毫升。

伟大的玻璃杯品牌 巴卡拉

顶级水平的手工匠技艺将光芒升华为艺术

世间顶级的玻璃杯 令琥珀色的美绚烂夺目

巴卡拉是全球高级别的水晶玻璃制品品牌,
一旦被它美丽的光芒吸引,便再也无法移开视线。

巴卡拉的水晶为全世界的王公贵族所钟爱

1764年,在路易十五的特许下,巴卡拉品牌诞生在法国东部洛林地区的巴卡拉村。当时,这一地区连年战乱,百废待兴,这里便成为了发展玻璃制造业的发源地。在19世纪的巴黎万国博览会上,巴卡拉的水晶以其卓越的制造技术和设计获得了极高的评价,从而闻名于世。

其中,水晶枝形吊灯华丽辉煌的光辉令全世界的王室贵族所钟情,同时也成为了"成功"的象征。

巴卡拉品牌被带入日本是在明治时代。当时,大阪的古董商春海藤次郎为它的美丽而倾倒,向其订购了茶道用具,这便是巴卡拉进入日本的契机。在铺着榻榻米的日式茶室里使用水晶茶具的全新构想,获得了广泛的赞誉,继而巴卡拉品牌的其他产品也陆续进口到日本。

一听到"巴卡拉"这个名称,脑海中就会浮现出透明度极高的水晶材质,精巧的切割工艺,高雅的雕刻装饰。自创始之初至今200多年来生产的产品,都是巴卡拉村工坊中能工巧匠技艺的结晶,一脉相承,从未改变。巴卡拉重视传统和历史遗产的传承,在今天的产品名录中亦有不少是19世纪的设计。与此同时,巴卡拉在生产中还结合现代创意,不断追求创新。

虽然昂贵,但也许很多人还是希望自己有一天能够将它买下来。一边品尝巴卡拉酒杯中上好的威士忌,一边任思绪徜徉在历史的海洋中,相信不少人都渴望享受如此奢侈的时光。

第1节 威士忌 × 玻璃酒杯 威士忌法则

HARCOUR
哈考特平底玻璃杯

当年,拿破仑一世为了寻找一种既坚固又高雅的玻璃杯而来到巴卡拉时,被这一款玻璃杯强烈地吸引,后来在此基础上,加强了对高雅设计的要求,终于诞生了"哈考特"系列,之所以如此命名,是因其专为哈考特侯爵家族的婚礼所用。1841年以来,它作为巴卡拉品牌的代表作品,一直为广大拥趸所热爱,售价29400日元。

巴卡拉精选

联系方式

丸之内巴卡拉专卖店

东京都千代田区丸之内3-1-1国际大厦1楼
☎03-5223-8868

NEPTUNE
尼普顿平底玻璃杯

与"阿比斯"同属托马斯·巴斯蒂德参与设计的"尼普顿"系列,命名均来自古罗马诸神的名字,充满个性的等距切割反射出美丽的光线,令人联想起浩瀚的海洋,以及荡漾在海面的涟漪。圆润的杯身握在掌中恰如其分,造型十分优美,仅限日本销售,售价28350日元。

MASSENA
马赛纳平底玻璃杯

"马赛纳"是被拿破仑称作"胜利女神赐予的孩子"的陆军元帅的名字,制造于1980年。其设计款式较新,在全球销量最高。乍看之下感觉很简单,但郁金香形的切割纹与水晶的分量感十分和谐,杯身造型与手掌完美融合。售价25200日元。

ARMAGNAC
雅邑平底玻璃杯

1860年亮相,现仅销售平底玻璃杯及海波杯两种款式,遍布整个杯身的独特切割纹,重叠出深色的阴影,略显阳刚之气。在接近杯底的位置上施以切割纹设计,当酒注入杯中时,光线的折射和反射作用令酒液更显熠熠生辉,美丽非凡。售价26250日元。

适于饮用威士忌苏打的巴卡拉玻璃杯

MASSENA
马赛纳海波杯

"马赛纳"系列海波杯,杯身比平底玻璃杯高,因此它的杯身比郁金香形的杯身更显华丽,给人留下的印象有如中世纪贵妇般优雅,随着注入杯中的酒液颜色的变化,玻璃杯的光辉美轮美奂。考究的设计无愧于巴卡拉的口碑。售价29400日元。

ROHAN
罗昂海波杯

此系列以法国街道"罗昂"命名,在1855年的巴黎万国博览会上获得名誉大奖。也正是该系列产品,令其品牌闻名于世。纤细的藤蔓图案环绕杯身。"酸性蚀刻"法是1855年巴卡拉研发的专有技术。售价19950日元。

第1节

威士忌 × 玻璃酒杯

威士忌法则

ABYSSE
阿比斯平底玻璃杯

此款平底杯的特点在于，杯身如刀削斧凿般平整，设计非常时尚，"阿比斯"一词意为深海或深渊，该系列出自巴卡拉企业的骨干设计师托马斯·巴斯蒂德之手，2005年正式面世。杯身侧面独特的切割纹反射出复杂的光芒，杯底加厚的一层琥珀色玻璃带出明艳的视觉效果。此款极品的制造技艺之高超，不愧于巴卡拉的盛名。售价31500日元。

PERFECTION
完美平底玻璃杯

该系列玻璃杯制造并发布于1886年，省略了所有的装饰，以表现巴卡拉水晶材质的透明感、厚重感及力量感。其设计简约却美丽大方，与威士忌沉稳的琥珀色是绝配。售价12600日元。

TALLEYRAND
塔列朗子弹杯

目前仅该系列在酒吧中使用，爽利的杯身设计令人印象深刻。自1937年面世以来便人气飙高。图中的子弹杯仅限日本销售。"塔列朗"是助力路易十八实现复辟的外交官的名字。巴卡拉系列中以制造年代的风云人物命名的作品不在少数。售价19950日元。

威士忌酒瓶既可锁住美味又可悦人耳目

左图为"马赛纳"，右图为"哈考特"的威士忌酒瓶。

巴卡拉发布了许多款威士忌酒瓶，它的存在可以起到装饰室内的效果，即便是普通威士忌，一旦装入其中，瞬间便会增加高级感，总而言之，这是一款不可思议的威士忌酒瓶。

拾遗

在巴卡拉直营酒吧中实地体验

2003年，B酒吧作为巴卡拉的体验空间开张营业，充满高级感的酒吧中装饰着枝形吊灯，用于盛装饮料的均为巴卡拉的玻璃杯，酒吧自酿的威士忌"酒桶B"非常受欢迎，如果需要与重要的人共度纪念日，B酒吧是个完美的选择。东京丸之内、六本木、大阪梅田都有分店。

店铺信息

B酒吧（丸之内店）

东京都千代田区丸之内3-1-1国际大厦B1楼
☎03-5223-8871
营业时间：16:00—4:00
休息：周日、法定节假日

对细节的考究令平凡的威士忌
更加美味

银座"射手波本"酒吧中,集中了500多种波本威士忌,是一家波本威士忌专卖店。酒吧尤以年份波本威士忌著称,还有20世纪20年代美国禁酒令生效期间酿制的年近百岁的波本威士忌。众多粉丝慕名前来,只为一睹它们的风采。

为了在最好的状态下喝到年份波本威士忌,酒吧使用了从专卖店购入的纯水。自来水经过反复过滤,基本去除水中的氯等杂质后长时间冰镇,水则选择取自日本水源的软水。

奥野恭一说:"波本威士忌一般使用超硬水

奥野恭一精选出的波本威士忌超过500瓶,在专卖店可享受的福利,正在于可以与各种各样的年份波本威士忌相遇并享用它们。

第2节

威士忌 × 冰块&水

美味的冰块与水
为享用威士忌平添幸福感

银座"射手波本"
奥野恭一

与波本威士忌打交道15年,正因其对水、冰块、酒杯的考究,方能体会出其真正的美味。

来酿制,这样说来,制冰块使用的水也应是硬水。但对不习惯喝硬水的日本人而言,硬水中残留的矿物质会破坏口感。因此建议使用市售的冰块,或使用矿泉水在家自制冰块。"听了他的叙述,不禁让人产生"这样就够了吗"的疑问,回答当然是否定的。那么,今晚就务必去试试看吧。

然而,这家酒吧在2010年8月结束了营业(新酒吧预计开在横滨)。

(左图)在真正的波本酒桶中,装入威凤凰及美格波本威士忌,在店内进行酿熟,有不少人喜欢品尝这种口味。
(右图)包括禁酒令时代酿制的波本在内,店内收藏了许多珍贵的波本威士忌。

奥野恭一
传授

在家也可以做的
圆形冰块

加冰块饮用威士忌时,圆形冰块是不可或缺的。让我们共同学习专家的制冰技巧吧!

1 将冰镐插入冰砖中央。

2 在冰块上划出笔直的裂缝。

3 一旦划出裂缝,就容易将冰砖从中央分成两块。

4 可以在其中看到纹路。

5 沿着纹路插入冰镐,将其二等分。

6 当切到正好放在手心的大小时,准备工作即告完成。

7 轻轻切割,将所有的棱角都凿去。

8 将冰块在手中边转动边切割,将其磨得更圆润。

冰块和波本威士忌最般配！

选择纯饮，享受厚重的口味固然好，而加入冰块也很不错。那么，如何获得一杯美好的加冰波本威士忌，而哪些波本威士忌更适合加冰饮用呢？

第2节　威士忌 × 冰块&水　威士忌法则

从注入酒液到饮尽最后一滴全程可享受味道的各种变化

冰块在杯壁上撞击出清脆的声响，独自一人静静地轻啜波本威士忌——这样的场景仿佛在过去的硬汉小说里出现过。

威士忌加冰有一个缺点，就是不易感受酒香。而冰块在酒中融化的时间越长，越能让人品味出变化多样的味道。像波本威士忌这种重口味的酒，与水也能融合得不错。请注意，如果冰块在酒液中完全融化，那么无论是味道还是趣味都会荡然无存。

— 加冰块饮法的诀窍 —

要点 1

将酒杯冷藏后使用

加冰块的目的并不是稀释波本威士忌，而是为了瞬间冰镇酒液，为了最大限度降低冰块融化的速度，在饮用前2—3个小时，应将酒杯放入冰箱冷藏。

要点 2

使用大块冰以减缓融化速度

如前所述，冰块融化越慢越好。冰箱里的冰是水分子很小的结晶体，总是很快便融化成水，而市售的冰块或天然冰是单结晶体，冰块硬而不易融化，酒液也不容易被稀释。

要点 3

搅拌棒是好帮手

加入冰块，注入酒液，搅拌13周半，这是加冰饮用的正确方法。正规的方法是少不了搅拌棒的，它有助于将缓缓融化出的水分混合得更加均匀。

适合加冰块饮用的极品波本威士忌

波本威士忌大多酒精度数很高,因此建议加冰块饮用。
接下来将为各位介绍几款适合感受酒中变化多样的味道的极品波本威士忌。

OUTLAW 12 YEARS OLD
奥特罗 12 年

奥特罗(OUTLAW)意为逃犯,瓶身上画的正是美国西部拓荒时期被通缉过的 11 个逃犯的画像。

JAZZ CLUB 15 YEARS OLD
爵士乐酒吧 15 年

酒精度数高达 50.7°,其特点不光是口味重,还能感受到深沉、芬芳的酒香,以及醇厚的味道。

A.H.HIRSCH RESERVE 16 YEARS OLD
A.H. 赫希珍藏 16 年

波本威士忌中有许多风味浓厚的酒,其中这一款带有极品酒的清香,且甘甜柔美。

EVAN WILLIAMS 15 YEARS OLD
埃文·威廉姆斯 15 年

此款酒的名称来自美国西部拓荒时期肯塔基州首个威士忌酿造者的名字。

OLD RIP 12 YEARS OLD
老瑞皮 12 年

以小麦为原料酿制的波本威士忌,比裸麦原料的香味更浓,这也是奥野恭一非常喜欢的一款。

第2节

威士忌 × 冰块 & 水

威士忌法则

WILD TURKEY 8 YEARS OLD
威凤凰8年

强烈刺激的口感之后，一种绵柔的、令人愉悦的甜美在舌尖漾开，这便是此款威士忌令人着迷的魅力，它也俘获了奥野恭一的心。

OLD RIP VAN WINKLE 15 YEARS OLD
老瑞皮·凡·温克尔15年

强烈的刺激甚至令嘴唇感到酥麻，而此后丰盈的甘美在口腔中逐渐扩散开去，有如蜂蜜。奥野恭一一饮之下，便惊为天人。

BLANTON'S 1998
波兰顿1998

此款波本威士忌以赛马的主题而引人注目，虽然在日本也有上市，但此款仅限法国销售。

PAPPY VAN WINKLE'S 23 YEARS OLD
派比·凡·温克尔23年

此款的酿熟时间比普通波本威士忌长，因此酒液也带上了更加浓郁的香味，而酒中的涩味则更增添了其成熟的韵味。

VERY OLD COLONEL LEE 8 YEARS OLD
很老的李上校8年

烈性中带着甘美，其芬芳圆润的香气经久不散，此款酒以南北战争时期征战在美国南方的英雄的名字命名。

拾遗

加入碎冰块饮用的方式中
如需突出清凉感
建议选择雾状饮法

各位可曾听说雾状饮法？其实方法很简单，只需准备一些碎冰块，这种饮法比加大块冰更能感觉到清凉感，品出不同的味道。

WOODFORD RESERVE V.I.P.
沃福珍藏波本威士忌

此款酒的香气之华丽令人印象深刻，味道令人联想起桃或白兰瓜，有着高雅、深沉的甘美，余韵悠长。

OLD GRAND-DAD BONDED
老大爹波本威士忌

此款酒的甜美、芳香、醇厚等各种元素达到了平衡，令人不禁感叹，这才是波本威士忌！因此在全球拥有无数的拥趸。

OLD GROMMS 15 YEARS OLD
老马夫15年

厚重和甜美的口味，在此款酒中达到了完美的平衡。其味道较为大众化，因此推荐波本酒入门者饮用。

OLD WELLER ANTIQUE 7 YEARS OLD
老威勒古典7年

此款酒仅以小麦与玉米酿造而成，口感顺滑，十分入口。酒精度达53°，请注意不要过量饮用。

A.H. HIRSCH RESERVE 20 YEARS OLD
A.H. 赫希珍藏20年

此款20年的赫希珍藏波本威士忌，1998年全球仅生产3000瓶，长年的酿熟令酒液异常甘美。

精选名品为极品冰块
和水增光添彩

当优质的威士忌、冰块和水都已准备妥当，如果说还有需要精心挑选的，那就是凝聚了能工巧匠的技艺，能够为威士忌增光添彩的器物。

波佐见烧器物名作中蕴藏着
森正洋的审美品位

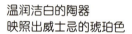

冰桶套装

温润洁白的陶器
映照出威士忌的琥珀色

"白山陶器"来自日本长崎，企业的理念是制造使用方便，融入人们的日常生活的陶瓷器物。白山陶器简约却温润的造型和设计从未因时代的变迁而有所改变，因此深受人们的喜爱。

白山陶器的冰桶套装既适合日式陈设，放在陈列西洋餐具的饭桌上也毫无违和感。[咨询电话/（株）休闲生活0743-71-9222]

第2节
威士忌 × 冰块&水
威士忌法则

此款冰桶壁上刻出深深的凹槽，给人以力量感。桶口锁紧，冰块不容易掉出。

沥水性佳，使用便利的冰夹，与冰桶的手柄一样使用的是不锈钢材料。

使用者的拇指可以牢牢嵌进形状独特的凹槽，手感舒适。

杯身上凹槽蜿蜒的设计令其全然不同于其他杯子。恰到好处的重量和大小，握在手中可说熨帖无比。加冰饮用自不必说，此款陶瓷杯也是喜欢纯饮的人士很好的选择。

特色精品2

以土佐的
天然野生竹子为原料
倾注巧匠心血的器皿

竹虎
加水加冰饮法套装

**细节处凝结巧匠技艺之魂
值得百世流传的精品**

　"竹虎"品牌的威士忌加水加冰饮用套装，使用时间越长，越感叹其质感的优越。器皿的原料选自"虎斑竹"，从竹子的甄选、采伐到加工，全程手工进行。

　精良的加工固然重要，但最重要的是如何将粗细、形状各异的竹子的个性最大限度激发出来。使用此款器皿饮用威士忌，在享受美味威士忌的同时，也能欣赏到传统工艺的妙趣。洗净之后必须尽快彻底晾干，以延长其使用寿命。[咨询电话/(株)山岸竹店0889-42-3201]

冰夹也是竹制品，为了测试如何才能防止冰块滑落，经过了反复的试做。

这是一根很受欢迎的竹炭材质搅拌棒，曾在某品牌威士忌的电视广告中出镜。每一根搅拌棒的形状都不一样，非常可爱。

这款水瓶的手柄十分牢固，而且整个瓶身无不凝结着巧思奇想。

这款冰桶的手柄上还牢牢装了一条吊环，不必担心会脱落。

每个人都想收藏的
冰块&水盛放器皿精选

各位是否想过，在我们忙完一天的工作，想要悠闲地享受晚饭后小酌的时光，如果为了再添一杯水或一些冰块而跑厨房是多么麻烦的事情。这时候，手边若有一套基本的酒吧用品该有多么方便！冰桶自不必说，在各种各样的酒吧用品中，寻找一件功能与设计都合意的单品，也不失为一件乐事。这样的单品，适用于威士忌、红酒等各种酒类，也可以在聚会中大显身手。

第2节

威士忌 × 冰块&水

威士忌法则

Ebisu
惠百施

将其放入冰箱，即可轻松获得大块冰/惠百施

Stelton
斯特腾

这款不锈钢水瓶保冷效果优良/休闲生活

evasolo
伊娃的独奏
凉水壶

双重倒水口设计可防止液体侧漏/休闲生活

madore
马多尔

一根在手，万事无忧，这就是马多尔搅拌棒/马多尔

evasolo
伊娃的独奏
冰块机

双层不锈钢的结构可以延长冰块融化的时间/休闲生活

evasolo
伊娃的独奏
保冷水壶

牛津布壶套的保冷效果令人放心/休闲生活

拾遗

你我都能轻松做的圆形冰块？！

这款"圆滚滚冰格"，只要倒上水放入冰箱冷冻室，很快就能获得你要的圆形冰块。

专为威士忌加冰饮用而生的
顶级天然冰就在日光市!

据说在距离东京不到200千米的日光市,
自古以来使用传统方法来制造天然冰。
因此我们特地探访了其故乡"四代目 德次郎",
等待这种传说中的天然冰。

四代目德次郎的天然冰

大自然的恩赐,上天的惠泽

"四代目德次郎"是一家制造天然冰的老店,创业至今已逾百年。实际上,该店第4代店长主山本先生与上任店主并无血缘关系。他听说上代店主年事已高,意欲关闭该店的消息,抱着"不可让传统技艺失传"的决心,志愿入店为徒。一开始并未被上任店主直接受,但山本多日不断前往工厂,被其诚意感动,上任店主终于同意将店铺传给山本。从此以后,山本的第二人生终于揭开了序幕。

每年寒流来袭的12月10日前后,该店便开始准备制冰。白天上升至2~3℃的气温,入夜后逐渐下降,降至零下7~8℃为最佳温度。冰块每1天增厚约1厘米,当厚度达到15厘米时,便使用专用刀具将其切开,移入冰室。理论上15天即可完成制冰,但理想的天气状况并不是持续的,如果冰冻强度不够,已经膨胀起来的冰块就会受损,这样只好等待下一波寒流的来临。因此,制造天然冰简直可说是件"上天说了算"的事情。

当冰块膨胀起来之后,每天趁着清晨气温尚未升高,便使用从山上运下来的雪,仔细摩擦冰块的表面,去除附着在表面的灰尘或枯叶。而一旦雪堆积起来之后,冰块就会受污染,因此扫雪也是必不可少的一项工作。经过这些

切冰的工作要耗费一天时间,使用的是专用的切割工具,设在山脚下的取水池,终年不见阳光,夏天也能保持凉爽。

有一群人心怀"坚守日光传统"的信念
对制冰事业一心一意，倾注热情

工序之后，两个取水池中一个冬天所制造的冰约为两次的量。每一次切下的冰可切分出4贯冰，约2000块冰块（1贯约合3.75千克）。

山本先生笑着说："我并不觉得这个工作有多么辛苦。托伙伴们的福，这份事业才得以做到今天。天然冰是日光的传统文化，放弃历史很容易，我只想尽可能让天然冰的美味传递给更多的人。"

天然冰确实非常美味，它无色透明，但略带甘甜，口感温润。热爱威士忌加冰饮用的人士，想必啜一口便能辨出其特点。

第2节

威士忌
×
冰块&水
威士忌
法则

（上图）仔细观察便可看到，两行气泡之间间隔1厘米，这是冰块"成长"的记号，也见证着形成优质冰的过程。

（下图）四代目店主山本先生（右）与他的追随者们，一到制冰的季节，便有约15名后援者来到此地。

天然冰成品叠放了3层，每层厚15厘米，在冰块上方必须覆盖木屑，保存在古老的冰室中，如此存放，经过1年之久，只要融化量控制在整体的3成即视为正常。

切下的冰块,利用手工制作的竹轨直接从取水池移入冰室。

家用冰块 也可订购

如果想在家中享受极致的威士忌加冰,自然也少不了天然冰,相信各位都想用自己的味觉去感受味道的差异。

"冻冰"
每袋重1.1千克,售价840日元,可网购。
日光食品码头株式会社
http://foodpia.co.jp

拾遗

在这家酒吧享受 加入德次郎家冰块的威士忌

"珈茶话"是一家提供咖啡和餐饮的酒吧,距离下今市车站很近,酒吧使用德次郎家的冰块,提供给客人饮用威士忌加冰或加苏打水,那轻得像雪,入口即化的冰块也是极品!店主父子也是四代目德次郎店的后援人士。

咖啡&餐饮酒吧 珈茶话
栃木树县日光市今市1147号 ☎0288-22-5876
营业时间:11:00—1:00 休息:周日

摇滚精神与威士忌同在

这里是新宿,汇聚了日本首都东京巨大的能量,以及人们的欲望。而这其中,在极其混杂的新宿二丁目,有一家散发着独特光芒的酒吧,它的名字叫作"VELVET OVERHIGH'M d.m.x."(简称DM)。这是一家摇滚酒吧,音乐同好们在此共叙夜话,享受撼动灵魂的声音。

DM是原闹市布吉舞曲乐队(DOWN TOWN BOOGIE WOOGIE BAND)的第一代鼓手相原诚所开的酒吧,是个小众酒吧,但在特定的圈子内却很有名。酒吧由乐队主唱能登古健二打理,顾客群中既有爱音乐者,也有单纯的爱喝酒者。

第3节

威士忌 × 音乐

威士忌与音乐的深远关系

新宿二丁目"DM"酒吧
能登谷健二

架子上整齐地排列着各种唱片,从摇滚到蓝调音乐,令人眼花缭乱。

DM,只要是混迹新宿一带的人,也许多少都听说过这个酒吧。享用摇滚乐和威士忌,来这里就对了!

店铺信息

VELVET OVERHIGH'M d.m.x. 酒吧

东京都新宿区2-14-13号
☎ 03-5379-3220
营业时间:20:00—9:00
年中无休

酒吧中收藏的唱片有4000~5000张，其中以摇滚乐为主。酒吧的顾客中以喝威士忌的为多，收藏的音乐自然是与威士忌相宜的音乐风格。

威士忌与音乐的关系非常密切，摇滚乐配波本威士忌早已是共识。众所周知，基思·理查兹、埃里克·克莱普顿等知名艺术家都偏好威士忌，他们饮用威士忌的潇洒姿态令人印象深刻。能登谷健二开始接触威士忌，也正是以音乐为契机。

"我爱上威士忌首先是从对偶像的追随开始的。因为我觉得，像偶像那样喝威士忌，会让自己变得很帅。即便是现在的年轻人，也会模仿自己偶像的方式来品尝威士忌。"能登谷健二如是说。今晚他也是呷着自己钟爱的占边威士忌，与音乐共度良宵。

第3节 威士忌 × 音乐 威士忌法则

（右图）乍一看酒吧内的设计，会让人疑惑这究竟是一家什么样的店。只有那些有勇气踏进这里的人，方能有幸品味那被珍藏的时光。
（左图）墙上张贴的海报是前卫摇滚乐队平克·弗洛伊德的海报。

健的邂逅
能登谷健二与威士忌的邂逅

矢泽永吉
我爱你，好吗

促使能登谷健二爱上威士忌的，正是这张唱片。受唱片中第2首曲子《威士忌&可乐》的影响，一开始他尝试着自己兑和，现在，他每天能豪饮1瓶波本威士忌。

威士忌&可乐

威士忌加可乐的喝法，在美国相当盛行。从名字来看，当然是选择可口可乐。这种喝法并不合能登谷健二的口味。

拾遗

摇摆舞者御用威士忌创始人
杰克·丹尼的摇滚人生

杰克丹尼威士忌之所以为世人所热爱，原因或许在于其创始人摇滚般的生活方式。比如他曾同时与7位女性交往，还在自己的墓穴中为女粉丝放了7把椅子等，他的死亡也很摇滚。有一次，他企图踢开保险箱时脚受伤感染了败血症，因此过世。

在那些至今仍为世人津津乐道的轶事背后，是利用独创的木炭醇化制法酿制威士忌的苦心孤诣。

DM酒吧主人
能登谷健二私荐
与威士忌最般配的30张唱片

能登谷健二从酒吧收藏的数千张唱片中仅选出30张！
其中每一张都是为威士忌助兴的乐曲。那么，究竟是哪些乐曲能够脱颖而出呢？

最佳音乐 1

歌手：Tom Waits（汤姆·威兹）
专辑：《Blue Valentine》（蓝色情人节）
歌曲：《Blue Valentine》（蓝色情人节）

汤姆·威兹是来自加州的创作歌手，他的另一首《Tom Traubert's Blues》（汤姆·特劳伯特之蓝调）也很著名。《Blue Valentine》（蓝色情人节）旋律苦涩而又甜美，令人无法抗拒，非常适合在摇滚酒吧中手持酒杯，凝神倾听冰块与杯壁轻撞声响的孤独酒客。

最佳音乐 2

歌手：J.GEILS BAND（J.GEILS乐队）
专辑：《FULL HOUSE》（座无虚席）
歌曲：《Home Work》（家庭作业）

这是美国70年代最受欢迎的摇滚乐队，被称为美国的滚石乐队。著名的《Home Work》（家庭作业）是早期的蓝调金曲，旋律让人心生感慨，想要喝上一杯。

最佳音乐 3

歌手：THE ROLLING STONES（滚石乐队）
专辑：《TIME WAITS FOR NO ONE》（时不我待）
歌曲：《TIME WAITS FOR NO ONE》（时不我待）

这早已是滚石乐队的作品中不可错过的一首，曲子在吉他与钢琴的效果中糅合了独特的音调，将之升华成了醉意，让人甘愿与之相伴直至黎明来临。

第3节
威士忌 × 音乐
威士忌法则

4
歌手：MAL WALDRON（马尔·沃尔德伦）
专辑：《BILLIE HOLIDAY》（比莉·哈乐黛）
歌曲：《LEFT ALONE》（独处）

马尔·沃尔德伦是1950年代开始活跃于乐坛的钢琴演奏家，为爵士乐歌手比莉·哈乐黛伴奏，该名曲专门献给比莉·哈乐黛。

5
歌手：CHRIS REA（克里斯·里亚）
专辑：《Dancing With Strangers》（与生人共舞）
歌曲：《Windy Town》（风城）

若论情歌手，想必无人能与克里斯·里亚匹敌，然而这专辑与他的旧作不同，音乐中充满了摇滚元素。

6
歌手：浅川真希
专辑：《灯ともし顷》（华灯初上时）
歌曲：《夜》

浅川真希于2010年1月17日突然去世，听着她饱含深情的蓝调歌声，不禁想要来一杯威士忌。让我们倾听着《夜》的歌声，为她献上一杯纯饮威士忌。

7

歌手：Janis Joprin（詹尼斯·乔普林）
专辑：《CHEAP THRILLS》（绝命赌局）
歌曲：《Turtle Blues》（乌龟的布鲁斯）

詹尼斯·乔普林作为老大哥＆控股公司乐队成员所灌录的专辑中，这是一首饱含感情的曲子。

8

歌手：VAN HALEN（范·海伦乐队）
专辑：《Woman and Children First》（妇孺优先）
歌曲：《Take Your Whisky》（带着你的威士忌）

骤停打击乐、蓝调、泛音吉他等元素的混搭方式令人赞叹，激起来一杯波本威士忌的欲望。

9

歌手：Dire Straits（恐怖海峡）
专辑：《Communique》（公报）
歌曲：《Once Upon A Time in The First》（曾经的第一次）

令人过耳不忘的吉他开启了全曲的旋律，恐怖海峡的现场演唱会经常作为开场曲使用。

10

歌手：THE ALLMAN BROTHERS BAND（奥尔曼兄弟乐队）
专辑：《THE ALLMAN BROTHERS BAND》（奥尔曼兄弟乐队）
歌曲：《WHIPPING POST》（鞭刑柱）

单调的键盘与激昂的吉他形成明显的反差，让人直想摇摆身体，狂饮威士忌直至头脑炸裂。

11

歌手：Freddie King（弗雷德·金）
专辑：《Freddie King》（弗雷德·金）
歌曲：《T'aint Nobody's Bizness If I Do》（若我这样做与旁人无关）

曲子的旋律使人脑海中浮现美国乡村玉米地的风景，作为威士忌的原料之一，由此联想起波本威士忌便顺理成章了。

12

歌手：SOUND TRACK（音轨）
专辑：《PARIS,TEXAS》（得克萨斯的巴黎）
歌曲：《PARIS,TEXAS》（得克萨斯的巴黎）

这是一首电影插曲，雷·库德在曲中着重弹奏一个音的吉他演奏令人印象异常深刻，电影故事与威士忌同样深入人心。

13

歌手：DOWN TOWN BOOGIE WOOGIE BAND（闹市布吉舞曲乐队）
专辑：《夜宴的布鲁斯》
歌曲：《啊，布鲁斯》

歌谣般吟唱的布鲁斯风，独特的乐声在胸中鸣响，令听者萌生喝一杯威士忌的强烈欲望。

14

歌手：TONY JOE WHITE（托尼·乔·怀特）
专辑：《Black and White》（黑与白）
歌曲：《WILLIE AND LAURA MAE JONES》（威利和劳拉琼）

优美的吉他音色，与身体中某处如烟一样萦绕的感觉，都融入在这首低沉的歌曲中，听来心情愉悦。

15

歌手：NEIL YOUNG（尼尔·杨）
专辑：《LIVE RUST》（生活之锈）
歌曲：《HEY HEY MY,MY》（嘿，嘿！我亲爱的）

从曲中清越的吉他之声，亦可感受到力量，口琴的音色，尼尔的歌声，汇成了这首流窜淡淡哀愁的歌曲。

16

歌手：Fleetwood Mac（弗利特伍德·马克）
专辑：《English Rose》（英伦玫瑰）
歌曲：《Albatros》（信天翁）

从专辑封面的风格，很难想象这首曲子既柔婉又甜美，威士忌的韵味就在这浅淡、低沉的乐声中缭绕不绝。

17

歌手：FREE（自由乐队）
专辑：《HIGHWAY》（高速公路）
歌曲：《The Stealer》（小偷）

乐队主唱保罗·罗杰斯的嗓音有起有伏，情感丰富，深入听者内心，感受愉悦，不愧"天籁"的美誉。

18

歌手：Billie Holiday（比莉·哈乐黛）
专辑：《BILLIE's BLUES》（比莉·哈乐黛的布鲁斯）
歌曲：《GLAP TO BE UNHAPPY》（不快乐真好）

比莉暗哑的嗓音在弦乐的优美旋律中舒展，令聆听者唯愿徜徉在梦与现实之间。

19
歌手: doors（大门乐队）
专辑:《WAITING FOR THE SUN》（等待阳光）
歌曲:《SPANISH CALAVAN》（西班牙大篷车）

歌曲中融入了弗拉门戈吉他的旋律，从中可以听出大门乐队独有的语句。中途进入曲子的键盘一定会把人带入幻境。

20
歌手 JOE COCKER（乔•库克）
专辑:《MAD DOGS AND ENGLISH MEN》（疯狗和英国人）
歌曲:《The Letter》（信）

歌曲中，弹奏爵士钢琴般的音色，与管乐器和合唱华丽地交响着。来吧，是时候来共进一杯威士忌了。

21
歌手: J.J.CALE（J.J.凯尔）
专辑:《Glass Hopper》（玻璃漏斗）
歌曲:《Drifters Wife》（流浪者的妻子）

质朴的吉他伴奏是典型的乡村摇滚风，唤起人们乡愁的琶音与威士忌，能够让人忘却日常的喧嚣。

22
歌手: U2
专辑:《RATTLE AND HUM》（嘈杂之声）
歌曲:《BULLET THE BLUESKY》（子弹布满蓝天）

当醉得差不多的时候听这首曲子，会感觉酒意和音乐带来的快感瞬间穿透全身。

23
歌手: VAN MORRISON（凡•莫里森）
专辑:《AVALON SUNSET》（阿瓦隆的日落）
歌曲:《ORANGE FIELD》（柑橘地）

慵懒的声音，最适合在家中放松地品着威士忌时欣赏。沙发和威士忌很配。

24
歌手: Leon Russel（列昂•罗素）
专辑:《Leon Russel》（列昂•罗素）
歌曲:《HUMMING BIRD》（蜂鸟）

列昂•罗素的音乐中，带着根源音乐才有的透明感。坐在吧台上，喝一杯加冰的威士忌的感觉与之非常相似。

25
歌手: STING（斯汀）
专辑:《Bring on the night》（在夜晚带来）
歌曲:《Monn Over Borbon Street》（波本街上的月亮）

这是歌唱在波本街上看见的月亮的歌曲。曲调优郁，透着悲伤。听了这首歌，便会起心动念，想去夜晚的街道走走。

26
歌手: JIMI HENDRIX（吉米•亨德里克斯）
专辑:《Are You Experienced》（你可曾亲历）
歌曲:《Hey Joe》（嘿，乔！）

啜一口威士忌，把自己交给吉米•亨德里克斯所独有的抑扬顿挫。高低相宜的黑人音乐，各路艺人都向这首名曲致以敬意。

27
歌手: Pink Floyd（平克•弗洛伊德）
专辑:《Dark Side of The Moon》（月之暗面）
歌曲:《Time》（时间）

这是这张前卫摇滚乐唱片中，可以谓之以"疯狂"的歌曲。在没有烈酒在手便听不得的曲子中，它位列第一。

28
歌手: Led Zeppelin（齐柏林飞艇乐队）
专辑:《Led Zeppelin III》（齐柏林飞艇Ⅲ）
歌曲:《Since I've Been Loving You》（因为我曾爱过你）

罗伯特•普朗特唱功十分惊人，致力于用喧闹的革命性手法对英国的布鲁斯摇滚进行改革。

29
歌手: Muddy Waters（穆迪•沃特斯）
专辑:《FATHERS AND SONS》（父与子）
歌曲:《ALL ABOARD》（全体上船）

听着这首阳光、有趣的歌曲，闭目啜一口波本威士忌，那感觉仿佛身在美利坚。

30
歌手: JULIE DRISCOLL BRIAN AUGER & DESTINY（朱莉•德里斯科尔）
专辑:《STREET NOISE》（街道噪音）
歌曲:《INDIAN ROPE MAN》（印第安绳人）

饱含感情的歌声嵌在生气勃勃的键盘乐器声中，听着这首曲子，不觉间已喝下一杯又一杯威士忌。

拾遗

摇滚舞者钟爱的威士忌

在摇滚舞者的身边,注定萦绕着威士忌的影子。那么,那位名舞者究竟钟爱什么样的威士忌呢?

基思·理查兹
滚石乐队

卡吉娜瑞贝尔

基思·理查兹给人的印象,总是单手抓着杰克·丹尼酒瓶。实际上,在他的粉丝中,他对卡吉娜瑞贝尔这种波本威士忌的喜爱是众所周知的。而此酒的名字意为"反抗的呼声",正是基思·理查兹的写照。

汤米·李
莫特利·克鲁乐队

杰克·丹尼

在克鲁小丑乐团第一代鼓手中,汤米·李堪称绝代美颜。他力量强大的表演风格引来无数的追随者,并对音乐界产生了重大影响。在接受国外音乐杂志的采访中,他曾留下名句"我的血管里流的是杰克·丹尼"。

埃里克·克莱普顿
奶油乐队

白占边

被誉为吉他之神,有"慢手"的别号,即便不怎么听西洋音乐的人,大概也听过《Layla》(莱拉),并对副歌部分"莱拉!"的呐喊印象深刻。他的唱片封面上数度出现白占边,足以显示他对白占边威士忌的热爱。

第3节 威士忌 × 音乐 威士忌法则

拾遗

各种以威士忌为主题创作的名曲

以威士忌为主题而创作的歌曲非常多,其中又以摇滚为首。平时像伴侣般陪伴在旁的威士忌,对于那些艺人却意义非凡,如各位有兴趣,不妨找来一听。

歌手: Metallica(金属乐队)
歌曲:《Whisky In The Jar》
    (瓶中的威士忌)

这是翻唱自瘦李齐乐队的曲子,因此还获得了格莱美奖。

歌手: Procol Harum
    (普洛可哈伦乐团)
歌曲:《Whisky Train》(威士忌火车)

这首曲子所营造的氛围,宛若一场边喝着威士忌边进行的旅行。

歌手: Bob Dylan(鲍勃·迪伦)
歌曲:《Moon Shiner》
    (烈酒走私者)

这首曲子歌唱的是私酿烈酒,也就是威士忌的人的故事,乐声悲伤。

歌手: Stray Cats(流浪猫)
歌曲:《Wicked Whisky》
    (邪恶的威士忌)

美国的山区乡村摇滚乐队,乐队成员布莱恩·赛泽尔高超的吉他弹奏技巧令人叫绝。

如果对威士忌有所要求，
必然对音乐有所要求
唱机让威士忌
带来的欢乐加倍

品尝威士忌时如有音乐相伴，将会带来加倍的欢乐。因此，这时你的身边需要一台唱机。

唱片悦耳的音色令人愉快
为威士忌锦上添花

　　传统唱片的魅力在于其真实感极强的音质。那既温柔又有力，既温暖又怀旧的音色，是镭射光盘绝不能相提并论的。

　　今天，我们可以从网上轻松下载

Cello+TA-0919
Scheu Analog（模拟之声）
售价：262500日元

这款德国品牌模拟之声黑胶唱机的入门级型号。设计小巧，操作简单。

■【唱机】■驱动方式/皮带传动　■驱动马达/电子DC马达　■转速/33 1/3转、45转　■抖摆率/低于0.03%　■信噪比：85分贝　■产品尺寸/宽425毫米×高150毫米×深330毫米　■重量/7千克（内部圆盘2.5千克）【唱臂】■型号/贝尔德林姆（BELL-DREAM)TA-0919　■样式/S形静态平衡唱臂　■有效长度/214毫米　※所配唱臂为贝尔德林姆的"TA-0919""TA-0923GO""TA-0935GR"中任一型号　■联系电话/日本YST株式会社 ☎045-664-0744

第3节
威士忌
×
音乐
威士忌
法则

DP-1300MKⅡ
DENON（天龙）
售价：189000日元（不含唱头）

天龙对模拟音频技术不惜工本投入，每个部件都对音质精益求精。

■【唱机】■驱动方式/直接驱动　■转速/33 1/3转、45转　■抖摆率/低于0.1%（抖摆率）　■转盘/铝合金压铸直径331毫米（防震处理）　■负载特性/针压80克下为0%　■转速偏差/±0.003%以内　■唱臂　■样式/S形静态平衡唱臂　■有效长度/244毫米　■产品尺寸/宽490毫米×高178毫米×深400毫米（含唱机脚）　■重量/14.6千克　■联系电话/天龙　☎044-670-5555

音乐,但想必还是有不少人期待能够聆听传统唱片在唱机中播放出的音色。

聆听唱片需要准备音响设备,事实上这并不难办到。当然有些条件必须满足,其中最简单的就是把手头的收录机或音箱接到唱机上。

首先,如果现有的音频设备上有外接端口,就可以连接唱机。这时需要一个音频放大器,使唱片的模拟信号与镭射光盘的普通输出

电平适配。但也有些设备上已经内置了音频放大器,购买前建议向商家确认。

传统唱片特有的音色,与威士忌的香气十分契合。因此当你啜饮威士忌之际听上一曲,相信会令这一杯威士忌锦上添花。

Interspace Jr.
NOTTINGHAM(诺丁汉)
售价:312900日元

此款黑胶唱机在继承同品牌另一款佳作"INTERSPACE HD"(空间高清)的同时,做了合理化改进,是一款特别版本。

【唱机】■驱动方式/24极高精度同步高扭矩马达避震独立式结构 ■转速/33 1/3转、45转分段式调节 ■重量/7千克 【唱臂】■样式/空间系列唱臂特殊工艺碳纤维9英吋唱臂(单臂规格) ■唱头承重/6~15克 ■产品尺寸/宽475毫米×高130毫米×深380毫米 ■重量/14千克 ■联系电话/海因茨公司 ☎03-5420-6432

EMOTION BLACK
CLEAR AUDIO(清澈)
售价:207900日元

这是一款入门型号唱机,既保证了高端机的性能,售价也较亲民。

【唱机】■驱动方式/同步马达避震独立式结构 ■转速/33 1/3转、45转 ■轴承/硬钢,抛光轴承,青铜板 ■转盘/高纯度硅GS-PMMA高纯度丙烯材质,厚度20毫米(CNC加工) ■信噪比/80分贝 ■唱臂/Satisfy ■产品尺寸/宽400毫米×高150毫米×深330毫米 ■重量/6.9千克(不含唱臂) ■联系电话/海因茨公司 ☎03-5420-6432

1-Xpression III
Pro-Ject(宝碟)
147000日元

以优质的亚克力转盘作为音响素材,唱臂和唱头都是标配。

■驱动方式/皮带传动 ■转速/33.33转、45.11转 ■转速偏差/±0.5% ■抖摆率/±0.1% ■针压标准范围/1.0—3.0mN(1格约0.1克) ■信噪比/超过-70分贝 ■唱臂尺寸/8.6英尺(218毫米)8.6c ■产品尺寸/宽415毫米×高320毫米×深118毫米 ■重量/5.5千克 ■唱头/高度风2M红钻(Ortfon 2M RED) ■唱针形状/椭圆形 ■唱针规格/MM型 ■合理针压/1.8克 ■输出电压/5.5毫伏 ■自重/7.2克 ■联系电话/纳斯佩克(NASPEC) ☎0120-932-455

第3节
威士忌 × 音乐
威士忌法则

Majik LP12
LINN（莲）
498750日元

"SONEK LP12"自1972年以来，以其简约的设计及很高的性价比，俘获了许多乐迷的心，成为该品牌的基本款。

【唱机】■驱动方式/皮带传动　■驱动马达/24极交流电同步马达　■唱机重量/3.75千克　■速度偏差/（33/45转）低于0.03%　■产品尺寸/宽445毫米×高140毫米×深356毫米　■重量/10千克　装饰/胡桃木・枫木・樱桃木　■型式/MM型　■自重/7千克　■型号/Pro-Ject 9cc　■联系电话/日本莲株式会社 ☎ 0120-126173

PS-V800
Sony（索尼）
11340日元

内置音频放大器，可开关，是一台全自动唱机。

■驱动方式/皮带传动　■转速/33・1/3转、45转　■产品尺寸/宽350毫米×高97毫米×深342毫米　■重量/约2.7千克　■附件/唱针替换装、45转适配器、防尘盖　■购买咨询/0120-777-886

Premier MK III
Scheu Analog（模拟之声）
售价：441000日元（不含唱臂、唱头）

这是该品牌的标准机型，唱机中装配的滚珠轴承，可承受重量级转盘。

■驱动方式/皮带传动　■驱动马达/电子直流电机　■转速/33・1/3转、45转　■抖摆率/低于0.03%　■信噪比/-85分贝　■速度偏差/（33/45转）低于0.03%　■产品尺寸/宽480毫米×高160毫米×深420毫米　■重量/23千克　■转盘/7.5千克/80毫米　■联系电话/日本YST株式会社 ☎ 045-664-0744

TD190-2/TP19
THORENS（多能士）
86000日元

该品牌拥有百年历史，此型号是其中的入门款。唱机中装配有MM唱头，全自动播放功能令入门者放心使用。

■驱动方式/皮带传动　■马达/直流伺服电机　■速度/33-1/3转、45转、78转电子式调速　■转盘/304毫米、0.7千克铝制　■抖摆率/低于0.04%　■耗电量/1.5瓦　■颜色/丝绸、防尘垫、黑色　■产品尺寸/宽440毫米×高120毫米×深360毫米　■重量/6.5千克　【唱臂】■型号/TP19　■动态平衡唱臂　■实效长度/211毫米　■附带唱头/高度风 OMB10　■唱头自重/2.5克　■咨询电话/NOA株式会社 ☎ 03-5272-4211

DP-29F
DENON（天龙）
售价：15225日元

唱机使用高精度的铝合金压铸，全自动播放，内置音频放大器。

■驱动方式/皮带传动　■转速/33·1/3转、45转　■抖摆率/0.15%(W.RMS)　■唱头/MM型　■产品尺寸/宽360毫米×高97毫米×深357毫米（含唱机脚）　■重量/2.8千克　■颜色/银色、黑色　■咨询电话/天龙☎044-670-5555

DP-500M
天龙
78750日元（带唱头）

这是一款大型唱机，继承了新研发的唱臂等高档机种技术，机身小巧，使用方便。

■驱动方式/天龙石英伺服式直接传动　■转速/33·1/3转、45转　■抖摆率/低于0.1%　■唱机/铝压铸件径331毫米（背面振动吸收橡胶的防震处理）　■负载特性/针压80克下0%　■转速偏差/±0.003%以内　■唱臂/静态平衡方式/S形管臂　■有效长度/230毫米　■产品尺寸/宽450毫米×高170毫米×深370毫米（含唱机底部）　■重量/10.1千克　■咨询电话/天龙☎044-670-5555

拾遗

选择唱机时应注意检查几个要点

音响的世界看起来精密、复杂，专业术语繁多，且门槛很高。但只要我们掌握了几个要点，就可以为自己创造出一个很好的环境，享受传统唱机带来的音乐，这里将就为各位介绍几个确认要点。

要点1
检查音响的外部接线头

如果在音响的背面找到PHONO、AUX接口，说明可以外接。

要点2
确认每个机器的规格

如有需要，可购买音频放大器（audio-technica AT-PEQ3 售价7350日元）

要点3
其他单品

使用一些清洁用具来保持唱机良好的音质。

右：唱机专用清洁剂 售价1575日元
左：唱针专用清洁剂 售价630日元

P-110
KENWOOD（建伍）
售价：18900日元

带自动回臂功能、自动切断功能、内置音频放大器，与音响设备连接也很简单。

- ■驱动方式/皮带传动　■转速/33转、45转　■产品尺寸/宽280毫米×高87毫米×深325毫米　■重量/2.0千克　■咨询电话/日本全国企业客服呼叫中心☎0570-010-114

DP-300F
DENON（天龙）
售价：45150日元

这款唱机是传统的黑胶唱机，可调节针压，唱臂带有防滑力调节功能，内置音频放大器。

【马达部分】■驱动方式/皮带传动　■转速/33·1/3转、45转　■抖摆率/0.1%(WRMS)　■唱机/铝合金压铸　■负载特性/针压80克下为0%　【唱臂部分】■样式/静态平衡臂　■有效长度、221.5毫米　【唱头部分】■样式/MM型　■唱头重量/5克（合计）　■产品尺寸/宽440毫米×高122毫米×深381毫米（含唱机脚）　■重量/5.5千克　■咨询电话/天龙☎044-670-5555

AT-PL300
audio-technica（音频技术）
售价：12600日元

这是一台全自动播放一体机，内置音频放大器，可以与其他音响设备连接。

- ■驱动方式/皮带传动　■驱动马达/直流伺服电机　■转速/33转、45转　■抖摆率/0.25%(WRMS)　■信噪比/45分贝　■唱头形式/VM型　■输出电压/2.5毫伏（1千赫兹5厘米/秒）、200毫伏（SW.ON）　■耗电量/3瓦　■产品尺寸/宽360毫米×高97毫米×深357毫米　■重量/2.7千克　■颜色/黑色、白色　■咨询电话/音频技术株式会社☎0120-773-417

第3节
威士忌 × 音乐
威士忌法则

信息栏

唱针尖究竟是什么样的？

唱机上读取音频信息的唱针，其头部可以用钻石作为材料。正因钻石是地球上最坚硬的矿石，即便经过无数次的播放，依然能保持原来的音色。

唱针的寿命理论上说是数百小时，但如果保养得宜，还可能延长其使用寿命。

PL-J2500
Pioneer（先锋）
售价：11550日元

此款唱机内置音频放大器，因此如果有外部输入的话，可以与任何系统连接，也支持手动播放。

■驱动方式/皮带传动　■转速/33转、45转　■产品尺寸/宽360毫米×高97毫米×深349毫米　■重量/2.4千克　■咨询电话/先锋株式会社客服中心☎0120-944-222

AX-01L
LOVE HARMONY（爱的和谐）
售价：34800日元

唱机的表面使用泡沫材料，以减轻蜂鸣及唱片的反弹力，内置音频放大器。

■驱动方式/皮带传动直流伺服电机　■抖摆率/0.03%WRMS　■转速/33、1/3转、45转　■唱臂/垂直、水平轴承型　■唱臂有效长度/228毫米　■偏移角度/22°　■唱头超距/13毫米　■唱头/MM型　■合理针压/3.0±0.5克　■产品尺寸/宽310毫米×高100毫米×深300毫米　■重量/3.7千克　■咨询电话/爱和☎055-994-0150 http://ntw-aiwa-co.jp

信息栏

唱头的型号决定唱机的音质

唱头大致可以分为MM型、MC型，表现出的音质也不同。根据音乐的类型，使用不同的唱头进行播放，方能体会到真正的快乐。

从上开始顺时针方向：
高度风SPU-ClassicGE MK2
售价93450日元
DENON（天龙）DL-103
售价26000日元
SHUREM-97xE
售价27090日元，
audio-technica（音频技术）
AT-10G（红与黑）
售价8400日元

DJ-3000 III
Cosmotechno（宇宙科技）
售价：34650日元

唱机上装有audio-technica（音频技术）出品的唱头，可以保证音质稳定，内置音频放大器。

■旋转扭矩/超过1.0千克力/厘米　■抖摆率/低于0.15%WRMS（JISWTD）33转1/3转　■马达/无刷伺服电机　■转速/33、1/3转、45转、78转　■信噪比/超过55分贝（DIN-B）　■唱臂/高灵敏度S型唱臂 万向支架/磁头罩可更换通用插件　■唱臂型号/AT3600L　■类型/VM型　■产品尺寸/宽450毫米×高145毫米　■重量/9.8千克　■咨询电话/CEC ☎048-710-6768

拾遗

CUBE-T CM-02
GUBER
售价：39900日元

内置高音质的音频放大器，因此既有USB功能，还能进行音频播放。

■驱动方式／皮带传动 ■转速／33 1/3转、45转、78转 ■抖摆率：0.13% ■信噪比：60分贝（ICE-B）、70分贝（DIN-B） ■唱臂／静态平衡臂 ■有效长度／230毫米±1毫米 ■唱头／VR-3S ■支持的系统／Windows XP以上、Mac OS 10.2以上 ■产品尺寸／宽280毫米×高138毫米×深280毫米 ■重量／4.7千克 ■咨询电话／威士达（Vestax）☎ 03-3412-7011

TTi
Numark（怒马）
售价：34800日元

配有iPod Dock（iPod的基座），可以轻松地将声源读取到iPod中。可以通过USB将声音录进电脑。

■驱动方式／皮带传动 ■转速／33/45转 ■音量控制／±10% ■支持直接录音设备：Ipod（第5—7代）、Ipod Nano（第2—4代） ■线路电平 RCA 输出装置 ■附带软件／Audacity Recoding（Windows、Mac）、EZViny Converter（Windows）、EZViny Converter（Mac） ■咨询电话／日本怒马株式会社 ☎ 045-326-2046 ※因均为成品，仅限流通库存

handy trax USB
Vestax（威士达）
公开标价（市场价在13800日元左右）

此款便携式播放器中带有USB录音功能，附带AC转接头，可以使用干电池。

■驱动方式／皮带传动 ■转速／33 1/3转、45转、78转 ■唱臂／动态平衡臂 ■附带唱头：VR-1（陶瓷唱头） ■内置扬声器直径／77毫米 ■输出／最大2瓦（8欧姆） ■数字保存格式／WAV、OGG、FLACS、AIFF等 ■支持的操作系统／Windows XP（SP2以上）、Vista、Windows7、Mac OS 10.4.11以上，推荐10.5（支持10.6） ■产品尺寸／宽370毫米×高97毫米×深260毫米 ■重量／2.0千克（不含干电池） ■咨询电话／威士达 ☎ 03-3412-7011

信息栏

延长唱机寿命的秘诀是什么？

传统的唱机保养是很麻烦的事情，正因如此，我们才更要小心使用。定期使用，以及清洁唱机转盘也是非常重要的。

唱针及接头部分都必须做好定期保养。

第3节
威士忌×音乐
威士忌法则

适用USB功能的播放器
赋予传统唱机新的魅力

传统的唱机可以对功放、扬声器或其他的零部件进行定制，组合的空间是无限大的。在数年间，电唱机有了新的进步，这就是实现了声源数字化的USB功能。基于该功能，可以将电唱机的声源轻松导入电脑，也可以在便携式播放器上播放，以及在媒体上保存。该功能可以说是传统与数字化的融合，会带给我们新的聆听唱片的方式。

TTUSB10
ION（伊安）
公开标价（市场价在14000日元左右）

带有电线输入端口，因此卡带或其他音频资源可以经由唱机倒入电脑。

T.92USB
STANTON（斯坦顿）
售价：52500日元

可以直接接到电脑上，将唱机的声源数字化。也可以输出为数字音频。

■驱动方式/直接驱动　■马达/三相三极无刷直流电机　■转速/33 1/3转、45转、78转　■抖摆率/0.15%WRMS　■转速可调范围/±8%、±12%　■启动扭矩/超过1.6千克力·厘米　■周波数特性/30赫兹～20赫兹 +1分贝、-2分贝 RIAA滤波器　■总谐波失真加噪声/小于0.03%@1赫兹　■信噪比/小于-65分贝　■唱臂/S型静态平衡臂　■有效长度/230.5毫米　■USB功能/ A/D、D/A16位 可选择44.1赫兹或48赫兹 USD　■支持USB功能的系统/Windows XP、Mac OS X　■咨询电话/科音（KORG）株式会社 KID客服热线 ☎03-5355-5056

■驱动方式/皮带传动　■转速/33转、45转　■磁头罩可拆卸唱臂　■唱头/MM型　■端口/USB输出端口　■产品尺寸：宽450毫米×高370毫米×深150毫米　■重量/3.7千克　■附件/防尘罩、磁头罩/唱头、USB线、CD-ROM（录音·剪辑软件）、45转适配器　■咨询电话/PRO-AUDIO-JAPAN（专业音频）株式会社 ☎045-326-2046

要点

可以连接到电脑或移动存储介质

使用USB数据线与电脑连接，进行录音，也有一些机种是可以直接将录音到USB存储介质。

有些机种还可与便携式播放器连接

像iPod这样的便携式播放器还可以直接插在唱机上使用。

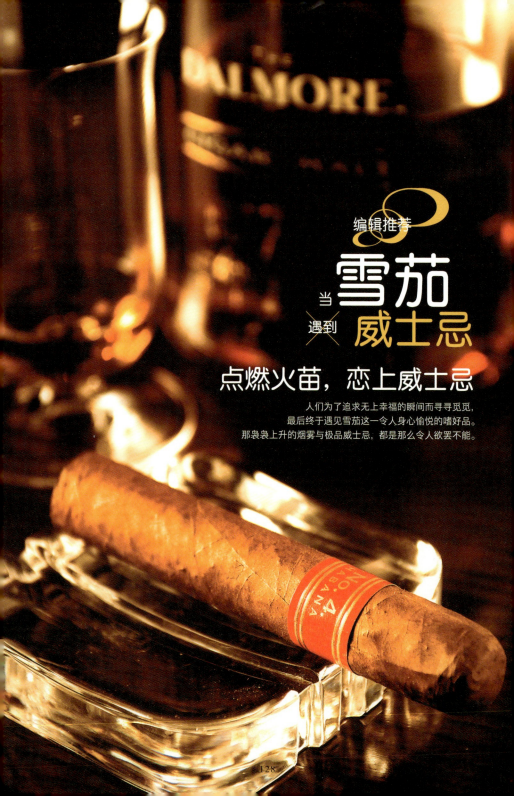

伴着袅袅青烟，暂离单调生活

享受雪茄的乐趣，在于慢品烟草那丰润的口味之时，借着那份逍遥，暂时将自己从单调的生活中剥离。而若要为雪茄寻找一个绝佳拍档的话，当属以威士忌为首的烈酒了。雪茄为口腔带来强烈的刺激，因此选择朗姆酒、干邑白兰地、水果利口酒等，在甜味和浓度上能够与之匹敌的饮料。

在全球的雪茄中，又以古巴生产的雪茄为上佳。古巴拥有非常适合栽培雪茄烟草的土壤及气候，因此被赞以"诞生奇迹的土地"，如同法国的勃艮第是出产红酒的圣地一样。

接触雪茄的第一步，是充分了解雪茄的品牌、浓度及尺寸。每个品牌的雪茄都有其独特的个性，不妨多加尝试，从中发现自己的最爱。雪茄的浓度可分为轻度、中度及重度。

▍雪茄的基本操作
雪茄基础知识

首先要将雪茄头切去少许，用没有臭味的气体打火机或杉木片将其点燃后，左右轻摆几下，确保点燃部位均匀、稳定。接着吸一口雪茄，但不要吸进肺里，而是让其停留在口腔中加以细细品味。

① 切雪茄头
首先将雪茄头部分切去若干，上图所示为平切，是使用剪刀或"断头台式"雪茄剪，水平切下雪茄头。

② 点火
边旋转雪茄，边缓缓点火。普通烟草的卷烟是一边吸一边点燃，雪茄则不同。

③ 品味
将吸进嘴里的烟含住，享受其在口腔中缭绕的香气和香味，再轻缓地吐出，平均1分钟完成1次吸烟、吐烟动作。

工具
Items

享用雪茄之前，先要备齐雪茄剪、专用烟灰缸，另外还要准备一个无损雪茄香味的打火机。

雪茄剪 Cutter

"断头台式"雪茄剪（有单刃与双刃之分），用于平切雪茄头。

用来平切雪茄头部分的剪刀，是人们普遍使用的工具。

钻孔式雪茄剪，用于在雪茄头上钻孔。

烟灰缸 Ashtray

陶瓷制成，可以将雪茄水平放置其上，属于雪茄专用烟灰缸，大小仅适合一人使用。

金属制成的雪茄专用烟灰缸，适合一人使用。雪茄水平放置其上。

打火机 Lighter

弹开上盖点火的气体打火机，可以根据自己的喜好来选择款式。

台式气体打火机，其设计既方便携带，又可稳定地放置在桌面。

直冲式气体打火机，点雪茄切忌臭味强烈的汽油打火机及硫磺火柴。

雪茄专卖店推荐
LA CASA DEL HABANO OMOTESANDO
表参道哈瓦那雪茄之家

目前，日本只有3家店获得古巴国营企业古巴哈瓦那雪茄集团(Habanos S.A.)认证的专卖许可，出售古巴雪茄。店中出售的古巴雪茄达50多种，来客可以在此悠闲地享受雪茄和美酒带来的愉悦，2楼为会员专设餐厅与咖啡厅，来客在进餐之后还能尽享与雪茄共度的奢侈时光，在网络上也可以购买雪茄。

店铺信息
东京都涩谷区神宫前3-15-11
COPON NORP（酷蓬诺普）1楼
☎03-6406-3818
http://www.casadelhabano.jp/
营业时间：雪茄店14:00—19:00
会所18:00—23:00（最后点餐时间）
休息：周日、法定节假日

雪茄抽不完怎么办
雪茄基础知识

雪茄基本上应该慢慢地抽完一整支，但如果抽不完，则应在雪茄熄灭后余下的烟灰之后约1厘米处将其剪断。

只要长时间不吸，雪茄就会自然熄灭。请注意，两次点燃雪茄享用之间的间隔时间不宜过长。

保存雪茄的秘诀
雪茄基础知识

如果雪茄有性格的话，那一定是非常敏感的。雪茄和红酒一样，保存时很讲究对温度和湿度的控制。温度在18～20℃，湿度在70%是最佳的保存条件。

雪茄保存在雪茄盒中。　　在雪茄盒里放入简易的保湿器。

编辑推荐
当**雪茄**遇到**威士忌**

与威士忌般配的
雪茄品牌 7

众所周知,雪茄与威士忌是非常般配的一对。但了解何种雪茄搭配何种威士忌方可获得最佳效果的人,恐怕就不多了。

雪茄品牌001
[帕塔加斯]

帕塔加斯雪茄
✕ 达尔摩雪茄单一麦芽威士忌

古巴非常古老的重口味雪茄品牌之一

　　对帕塔加斯雪茄的诞生年代众说纷纭。其中一个版本是,该品牌创立于1845年,是古巴历史最悠久的品牌。

　　帕塔加斯雪茄的浓度极重,口味强劲,烟味浓郁。若要尝试丰富的口感,建议选择粗胖型的帕塔加斯4号,从中感受该品牌显著的特性。帕塔加斯总统雪茄富有浓郁的甜味和厚重的口味,后味的冲击力极强。还有帕塔加斯898型雪茄等,也都适合餐后来上一根。

达尔摩雪茄
单一麦芽威士忌

此款威士忌专为雪茄而生,甜美的香气与强劲的力道,令人联想起雪茄,与口感刺激的帕塔加斯雪茄非常相称。

1. 帕塔加斯5号限量版2008(19.84毫米×110毫米,品吸时间80分钟),限量品,味道厚重。
2. 帕塔加斯4号(19.84毫米×124毫米,品吸时间45分钟),粗胖型雪茄名品。
3. 帕塔加斯P2号(20.64毫米×156毫米,品吸时间55分钟),雪茄品质稳定。
4. 帕塔加斯总统雪茄(18.65毫米×158毫米,品吸时间45分钟),无愧于总统范儿的一款雪茄。
5. 帕塔加斯898型雪茄(17.07毫米×170毫米,品吸时间90分钟),口味丰富厚重。

全球最畅销，雪茄界翘楚

若论全球销量最高的雪茄品牌，当属蒙特克里斯托。在古巴出口到全世界的雪茄中，该品牌占到50%。

蒙特克里斯托诞生于1935年，品牌名来自大仲马的小说《基督山伯爵》。

蒙特克里斯托雪茄的浓度属中等，带有木质香气，味道辛辣。

蒙特4号在全球销量最好，号称雪茄爱好者无人不抽，是基本款雪茄。蒙特1号拥有一众忠实的追随者，其味道在传统的这一尺寸的雪茄中，被视为指标加以参考。另外，沉迷于大喇叭型雪茄——蒙特2号那野性的味道中的人也不在少数。

初试雪茄的人士，因是从抽烟草换成抽雪茄，建议选择蒙特5号。因其尺寸较小，便于初试者适应。待适应之后，再进一步尝试雪茄特有的甜美丰润吧。

四玫瑰特级威士忌

蒙特克里斯托雪茄本身带有土壤、森林、花朵般的香气，而四玫瑰威士忌则带着木酒桶烟熏般的香味，二者相遇所产生的味道趣味无限。

[雪茄品牌002]
[蒙特克里斯托]

蒙特克里斯托雪茄
✕ 四玫瑰特级威士忌

编辑推荐
当雪茄遇到威士忌

1. 开放·大师（19.84毫米×124毫米，品吸时间50分钟），蒙特克里斯托的新开放系列，崭新的口味值得期待。
2. 开放·少年（15.08毫米×110毫米，品吸时间30分钟），新系列中出现较晚的一款。
3. 蒙特1号（16.67毫米×175毫米，品吸时间75分钟），人气地位不可撼动。
4. 蒙特2号（20.64毫米×156毫米，品吸时间70分钟），辛辣刺激。
5. 蒙特3号（16.67毫米×142毫米，品吸时间60分钟），带有土壤与树木的香气。
6. 蒙特4号（16.67毫米×129毫米，品吸时间45分钟），在该品牌中销量最好。
7. 蒙特5号（15.87毫米×102毫米，品吸时间30分钟），尺寸小但味道丰润。
8. 小埃德蒙（20.64毫米×110毫米，品吸时间35分钟），比埃德蒙晚出现的一款雪茄。
9. 埃德蒙（20.64毫米×135毫米，品吸时间75分钟），该尺寸风味较为清淡。
10. 开放·利加塔（18.26毫米×135毫米，品吸时间50分钟），风味柔和、含蓄。
11. 开放·老鹰（150毫米，品吸时间80分钟），香味柔和。

雪茄品牌003

[高希霸]

高希霸雪茄
× 麦卡伦18年威士忌

曾作为国礼，馈赠古巴的国宾

高希霸雪茄是代表古巴的国家级品牌，被誉为全世界最高级的雪茄。自1968年品牌创始以来，从不对海外出售，而仅作为国礼赠予古巴的国宾。1982年，借着西班牙举办足球比赛及世界杯足球赛的机会，才得以在欧洲市场上露面。至今仍流传着关于高希霸雪茄的种种神秘传说。

种植高希霸雪茄烟草的土壤、烟叶、发酵手法都堪称特殊，且为其服务的卷烟工手艺上佳。在钟爱雪茄的人中，有许多甚至仅靠闻香便可识别高希霸雪茄。它的出名，也因着是卡斯特罗总统指定的品牌。其浓度有中、高之分。

高希霸在古巴原住民泰诺族人的语言里，是"雪茄"的意思。而高希霸品牌上的标志也被设计成泰诺族女性。

世纪系列是1992年为纪念哥伦布发现新大陆500周年而特制的，其口味比过往的雪茄更柔和。

1. 世纪Ⅲ（16.67毫米×155毫米，品吸时间60分钟），风味协调的一款雪茄。
2. 鱼雷限量版（20.64毫米×156毫米，品吸时间70分钟），限量品。
3. 世纪Ⅴ（17.07毫米×170毫米，品吸时间90分钟），辛辣且有酸味。
4. 世纪Ⅰ（16.67毫米×102毫米，品吸时间30分钟），中等尺寸，适合女性及初试者。
5. 特制皇冠（15.08毫米×152毫米，品吸时间60分钟），香味浓郁甜美。
6. 吉士ály（14.29毫米×125毫米，品吸时间35分钟），口味辛辣。
7. 世纪Ⅳ（18.26毫米×143毫米，品吸时间60分钟），味道甜而刺激。
8. 世纪Ⅱ（16.67毫米×155毫米，品吸时间45分钟），这个尺寸适合在午饭后悠闲地抽一根。
9. 马杜罗5系·天才（20.64毫米×140毫米，品吸时间60分钟），新系列的马杜罗5系有3种尺寸。环径也是新设计。
10. 马杜罗5系·魔术师（20.64毫米×115毫米，品吸时间50分钟），力道强劲。
11. 马杜罗5系·奥秘（15.87毫米×115毫米，品吸时间25分钟），造型纤细。
12. 硬汉（19.84毫米×124毫米，品吸时间45分钟），口味柔和，带水果味。
13. 长矛（15.08毫米×192毫米，品吸时间80分钟），是卡斯特罗总统非常中意的雪茄。造型时尚高雅。

麦卡伦18年威士忌

此款威士忌在雪莉酒桶中精心酿熟而成，是麦芽威士忌中的艺术品。上等的雪茄更需极品的麦芽威士忌与之匹配。

以其柔和的风味多年来备受青睐

奥约·德·蒙特雷雪茄品牌创始于1860年，口感清淡、甜美且丰富。雪茄爱好者自不必说，该品牌还以其清淡的风味，赢得了许多雪茄入门人士及女性的青睐。

若论该品牌中个性突出的，当属品吸时间长达80分钟的双皇冠。那缥缈的香草般的香气，如丝般顺滑，丰富的味道给人以庄严之感，令雪茄爱好者拍案叫绝。

编辑推荐
当 雪茄 遇到 威士忌

雪茄品牌004
[奥约·德·蒙特雷]

奥约·德·蒙特雷雪茄
✕ 加拿大俱乐部威士忌

加拿大俱乐部威士忌

口味清淡的加拿大俱乐部威士忌，与古巴雪茄中香味缥缈，风味清淡的奥约·德蒙特雷雪茄非常般配。

1　　　　2　　　　3　　　4

1. 双皇冠（19.45毫米×194毫米，品吸时间80分钟），该品牌中的代表雪茄。
2. 丘吉尔（18.65毫米×178毫米，品吸时间60分钟），茄体纤细。
3. 硬汉（19.84毫米×102毫米，品吸时间30分钟），微辣，茄体粗壮。
4. 神剑2号（124毫米×19.84毫米，品吸时间45分钟），虽然茄体较粗，但风味清淡且丰富。

雪茄品牌005
[罗密欧与朱丽叶]

罗密欧与朱丽叶雪茄

✕ 斯特拉塞斯拉12年威士忌

1 2 3 4 5 6 7

1. 罗密欧2号（16.67毫米×129毫米，品吸时间45分钟），水果香味十分浓郁。
2. 罗密欧1号（15.87毫米×140毫米，品吸时间45分钟），建议初试者将此雪茄作为入门款。
3. 短丘吉尔（19.84毫米×124毫米，品吸时间45分钟），属于罗密欧系列中的新品。
4. 丘吉尔（18.65毫米×178毫米，品吸时间70分钟），在雪茄爱好者中有众多拥趸，被誉为此尺寸雪茄中的杰作。
5. 罗密欧3号（15.87毫米×117毫米，品吸时间25分钟），适合女性。
6. 猎人（17.46毫米×162毫米，品吸时间80分钟），力道强劲。
7. 展会4号（19.05毫米×127毫米，品吸时间45分钟），辛辣味弱，有甜味。

浪漫的雪茄名中，秘藏着绝妙的香味

罗密欧与朱丽叶雪茄的品牌创立于1875年，拥有悠久的历史，属于中度口感。

为了向雪茄爱好者中的著名人士——英国首相温斯顿·丘吉尔致敬，该品牌率先制造出丘吉尔尺寸的雪茄系列，以此而闻名全球。丘吉尔尺寸的雪茄系列至今仍拥有极高的口碑，香味丰润，质量上乘，是真正的雪茄。

该品牌旗下的系列，拥有各种大小、长短的雪茄产品，可供选择的尺寸和外形超过40种。其中不少是铝管雪茄，也是该品牌的特色。

斯特拉塞斯拉12年威士忌

罗密欧雪茄的水果风味，与同样带有水果般甜美口感的斯特拉塞斯拉威士忌当然是绝配。二者与舌头接触，会生出醇厚的口感。

与高希霸并驾齐驱,
被世人誉为神秘的雪茄

特立尼达品牌创立于1969年。当高希霸雪茄投入市场之后,古巴政府便制造出特立尼达,来馈赠各国的王公贵族、总统及著名人士。虽然长期为雪茄爱好者热烈追随,但首次被正式介绍给世人,却是在1998年哈瓦那自由酒店举办的宴会上。

被誉为神秘雪茄的,是曾经的特立尼达品牌中唯一的尺寸——创建雪茄。高雅的香气和味道,自面世之后经过数度改良,吸引着越来越多的人士。尤其是在特别的日子里,更想点上一根,慢慢享受。

雪茄品牌006
[特立尼达]

特立尼达雪茄
× 王室家族威士忌

王室家族威士忌

这是英国王室御用的苏格兰威士忌,在特别的日子里,如果要给极品雪茄找一个搭档的话,非王室家族威士忌莫属。

编辑推荐
当 **雪茄** 遇到 **威士忌**

1   2   3   4   5

拾遗

为雪茄选择点火工具

一般选择无臭味的气体打火机来为雪茄点火,而在许多雪茄酒吧中,也会准备杉木片来点雪茄,先用火柴或打火机将杉木片点着,接着用其再慢慢将雪茄点燃。使用这种方法点火的过程,也不失为一种享受。

1. 创建雪茄(192毫米,品吸时间80分钟)是雪茄爱好者务必一试的极品雪茄。
2. 特立尼达限量雪茄(16.67毫米×165毫米,品吸时间45分钟),新款,令人意犹未尽。
3. 特级硬汉雪茄(19.84毫米×156毫米,品吸时间60分钟),粗壮尺寸,适合在特别的日子里享用。
4. 特立尼达殖民地雪茄(17.46毫米×132毫米,品吸时间50分钟),力道强劲,在特立尼达品牌旗下产品中,是为行家所称道的一款。
5. 特立尼达雷耶斯雪茄(15.87毫米×110毫米,品吸时间30分钟),在特立尼达品牌中尺寸最小。

雪茄品牌007
[玻利瓦尔]

玻利瓦尔雪茄

✕ 波摩12年威士忌

**力道强劲的木质味道，
适合追求高级雪茄的人士**

玻利瓦尔雪茄在古巴雪茄中属于力道特别强劲，带有泥土、木质香味，口味辛辣的雪茄。相对于初试者，口感厚重、刺激的玻利瓦尔雪茄更适合谙熟雪茄的人士。而长年吸食雪茄的人们，似乎也更愿意亲近玻利瓦尔雪茄。

品牌创立于1901年，在其雪茄盒和标签带上，印着委内瑞拉英雄西蒙·玻利瓦尔的肖像。

波摩12年威士忌

个性突出，力道强劲，玻利瓦尔雪茄与波摩威士忌就是这样的组合。波摩威士忌带有海浪的香味，与泥土芳香浓郁的玻利瓦尔雪茄相映成趣。

1　　　2　　　3　　　4

1. 玻利瓦尔2009限量小鱼雷（20.64毫米×125毫米，品吸时间45分钟），限量品，带木质味道。
2. 玻利瓦尔广阔雪茄（17.07毫米×170毫米，品吸时间80分钟），禁欲风味。
3. 皇家皇冠（124毫米×19.84毫米，品吸时间45分钟），口味相当辣。
4. 巨型皇冠（178毫米×18.65毫米，品吸时间105分钟）。

 拾遗

雪茄的烟灰如何抖落？

普通卷烟的烟灰总是频繁地落入烟灰缸，雪茄则不同于此，雪茄的烟灰总是要落不落。当雪茄的烟灰部分达到2～3厘米时，只需将其轻轻地靠上烟灰缸，让烟灰自然掉落，如果将雪茄长时间放置不吸，就会自然熄灭。

威士忌基础知识&91款威士忌名品详解

世界五大威士忌

苏格兰威士忌、爱尔兰威士忌、美国威士忌、日本威士忌、
加拿大威士忌并称为世界五大威士忌,其原因何在呢?
本章将结合威士忌的基本款及名品名录,
对威士忌的世界进行一番深入的探究,
相信对威士忌的了解越多,所获得的乐趣也越多。

苏格兰威士忌文化研究所
代表 **土屋守** 监修

1954年生于日本新潟县佐渡。苏格兰威士忌文化研究所代表,杂志《威士忌世界》(The WhiskyWorld)主编。担任周刊记者期间曾赴英国,在伦敦从事日语信息杂志的编辑工作。回国之后即开始笔耕生涯。1988年入选"全球五大威士忌作家"之列。著有大量书籍,包括《单一麦芽威士忌大全》《调和型苏格兰威士忌大全》等。

图片提供/合作:
苏格兰文化研究所
三得利
朝日啤酒株式会社
麒麟啤酒株式会社
MHD 酩悦轩尼诗帝亚吉欧公司
株式会社WHISK-E
国分株式会社
株式会社明治屋
百加得(日本)
保乐力加集团(日本)
百万商事株式会社
日本酒类贩卖株式会社
伯尼里株式会社
宝酒造株式会社
小学馆

SCOTCH
苏格兰威士忌
第148页 →

IRISH
爱尔兰威士忌
第172页 →

JAPANESE
日本威士忌
第178页→

AMERICAN
美国威士忌
第184页→

CANADIAN
加拿大威士忌
第194页→

基础知识

[第1节]
基础知识

威士忌的基础知识

单一麦芽威士忌、苏格兰威士忌、波本威士忌……这些足以覆盖所有的威士忌种类吗？威士忌本身究竟是什么呢？本节将对上述疑问进行解答。

[基础知识1] 什么是威士忌？

以谷物为原料，在酒桶中经过酿熟而成

如果按照大类来分，酒类可分为发酵酒、蒸馏酒、配制酒3种。其中威士忌属于蒸馏酒，是一种烈性酒。

世界上许多国家都在酿制威士忌，但对威士忌的共同定义都是"以谷物为原料，在酒桶中经过酿熟而成的酒"。必须同时满足谷物原料、蒸馏、酒桶酿熟3个条件，方可称之为"威士忌"。因此，以葡萄酿制而成的白兰地绝不属于威士忌。而以谷物为原料，但不经过酒桶酿熟的杜松子酒、伏特加、烧酒，当然也不能称为威士忌。

威士忌主要的产地有5个（见下表），并称为世界五大威士忌。

产地	品类	原料	蒸馏方法	储藏时间
苏格兰	麦芽威士忌	仅大麦芽	单一蒸馏两次	3年以上
	谷物威士忌	玉米、小麦、大麦芽	连续蒸馏	
爱尔兰	壶式蒸馏威士忌	大麦、大麦芽	单一蒸馏三次	3年以上
	谷物威士忌	玉米、小麦、大麦、大麦芽	连续蒸馏	
美国	波本威士忌	玉米（51%以上）、黑麦、小麦、大麦芽	连续蒸馏	2年以上
	谷物中性烈酒	玉米、大麦芽	连续蒸馏	对储藏无要求
加拿大	风味威士忌	黑麦、玉米、黑麦芽、大麦芽	连续蒸馏	3年以上
	基底威士忌		连续蒸馏	
日本	麦芽威士忌	大麦芽	单一蒸馏两次	对储藏无要求
	谷物威士忌	玉米、大麦芽	连续蒸馏	

威士忌术语

混合纯麦威士忌
vatted malt
近年来一般称之为调和型威士忌，是指将出自多个蒸馏厂的麦芽威士忌混合在一起，谷物威士忌不在此列。

原酒
wash
在糖液中加入酵母菌使之发酵，所得到的发酵液即为原酒，酒精度在6～8°。

前段蒸馏器
wash still
用于第一次蒸馏的器具。

发酵器
wash back
材质有木头、铁及不锈钢。

过桶
wood finish
威士忌酿熟后将其移入其他的酒桶继续酿熟，以增加不同的风味，时间长的会进行2年左右的二次酿熟，主要使用红酒桶。

天使所享
angel's share
指酿熟期间蒸发掉的威士忌。以

[第1节]

苏格兰威士忌

制造于英国苏格兰的威士忌，酒中带有泥煤产生的独特香味。

爱尔兰威士忌

出产于北爱尔兰、南爱尔兰共和国及地区的威士忌。

日本威士忌

酒中的泥煤香气不如苏格兰威士忌浓郁。

加拿大威士忌

在世界五大威士忌中，属于口味最为清淡的一种，主要原料包括黑麦及玉米。

美国威士忌
美国制造的威士忌统称美国威士忌，主要有波本威士忌。

[基础知识2] 威士忌的发展史

号称生命之水，拜炼金术士所赐

威士忌的蒸馏是从何时开始的，在历史上并无准确记载。但流传较广的说法则是，威士忌是中世纪爱尔兰炼金术一次意外所得。

炼金术兴盛于4世纪的埃及，后来传到西班牙。其间，炼金术士在炼金所用的坩埚中倒入了某种发酵液，结果产生出了酒精浓度数很高的烈性液体。这就是蒸馏酒的起源。炼金术士用拉丁语为这种酒取名为Aqua-Vitae，意为"生命之水"，并将其作为长生不老药秘藏起来。后来，这种酒从西班牙又传到了爱尔兰。

苏格兰威士忌为例，在酿熟的第一年里会蒸发掉3～4%，此后每年以1～2%的速度持续蒸发，这个量在所有苏格兰威士忌中占到2亿瓶。

橡木
Oak
壳斗科栎属植物，用于制造威士忌酒桶。主要有美国白橡木、欧洲橡木、水楢三种。

原桶强度
cask strength
指威士忌酒液未经稀释直接装桶时的酒精浓度，一般往酒液中加水后进行装瓶，水的容量占40～46%。

碎麦芽
grist
磨碎的麦芽，用于糖化。

谷物威士忌
grain whisky
以玉米或小麦为原料，经过连续蒸馏酿制而成。

酒的种类

酒
↙ ↓ ↘
酿造酒　蒸馏酒　配制酒
红酒　　威士忌　利口酒
啤酒　　白兰地　梅酒
日本酒　杜松子酒
　　　　伏特加
　　　　烧酒

基础知识

[基础知识3] 什么是单一麦芽威士忌？

在单一蒸馏厂中酿制的单一麦芽威士忌

用100%大麦芽酿制的威士忌，叫作麦芽威士忌。将大麦芽在温水中进行糖化处理，加入酵母使其发酵，在单一蒸馏器（壶式蒸馏器）中经过2次甚至3次蒸馏，装入酒桶中酿熟，最终酿出麦芽威士忌。单一麦芽威士忌中的"单一"指的是单一蒸馏厂。换句话说，是只用单一蒸馏厂的麦芽威士忌进行装瓶。另外，在以玉米及小麦为原料酿造的谷物威士忌中，混合进麦芽威士忌，便得到调和型威士忌。

在单一蒸馏厂中酿制、装瓶的威士忌

[基础知识4] 品酒

① 看色泽

在酒杯中注入20～30毫升威士忌，观察酒液的颜色。重点在色泽、光泽、透明度等。将酒杯稍作倾斜，再恢复原状，检查酒液的"挂杯"情况。挂杯时间越长，说明麦芽的浓度越高。

② 闻香味

轻缓地晃动酒杯，让酒液与空气充分接触。一开始让鼻子靠近杯口几英寸处，闻一下它的香气，然后把鼻子再靠近杯口一些，再闻一下它的香气，依此类推，刚开始闻到的香味称为前调，让我们把这种感觉牢牢记下吧。

③ 尝味道

啜一小口威士忌，含在口中。待品出味道之后咽下，细细品味其味道及余韵。接着加水将其稀释，降低酒精度，再次品尝味道。

[要点]
- 将少量酒液含在口中，品味其浓度
- 感觉威士忌的余味
- 加水品尝

科菲蒸馏器 Coffey still
爱尔兰人埃尼斯•科菲在1931年发明的连续式蒸馏器。

雪莉酒桶 Sherry cask
用于酿熟雪莉酒的酒桶。"酣睡"于雪莉酒桶中的威士忌颜色较深，且带有浓郁的果味风味。

单桶 Singl cask
指从一个酒桶中装瓶的威士忌，出自不同酒桶的威士忌，其风味有着明显的区别。

酿酒有限公司（DCL） Distillers Company Limited
是联合酿酒集团（现英国帝亚吉欧集团）的前身，由低地的谷物威士忌酿造业界中共6家企业于1877年合并而成。1986年被健力士集团收购之前，一直都是苏格兰最大的蒸馏厂集团。

蒸馏厂猫 Distillery cat
饲养在蒸馏厂里的猫，用来对付偷吃大麦的老鼠和鸟类。也称为威士忌猫。

[第1节]

称为单一麦芽威士忌，而将出自多个蒸馏厂的麦芽威士忌混合而成的威士忌，则称为调和型麦芽威士忌或混合纯麦威士忌。

日本不同的蒸馏厂不会混用酒桶，这一点不同于其他国家，日本的各个蒸馏厂都在酿造多种威士忌。

[基础知识5] **壶式蒸馏器（单式蒸馏器）**

不同蒸馏厂的壶式蒸馏器形状也不相同

壶式蒸馏器用于蒸馏麦芽威士忌等，均以铜制成。其中较知名的有直领型、鼓出型、灯笼型。

直领型

长颈笔直，直立的形状使蒸馏器中也残留许多非酒精的成分，蒸馏出的酒液力道强劲，口味厚重而复杂。

鼓出型

蒸馏器外形膨大，不易残留非杂质，蒸馏出的酒液口味较清爽。因与外界空气接触面积较大，酿出的威士忌较为细腻。

灯笼型

蒸馏器的主体到颈部呈膨大的灯笼形。酒液淤积其中，酿制出的威士忌口味清爽、丰富。

新酒
new pot
指刚蒸馏出来的原酒，酒精度在67°～72°。

雪莉大桶
butt
这是苏格兰威士忌所用的最大的酒桶，容量在500升左右。

波本酒桶
bourbon cask
用美国白橡木做的波本酒桶，多数波本酒桶的容量在180～200升。

波本桶
Barrel
用来酿熟威士忌的酒桶，过去的容量为180升，近年来统一成了200升。

基础知识

[基础知识6] **威士忌制造过程**

所有威士忌的基本
麦芽威士忌的酿制过程

威士忌的酿造过程因其种类、产地、品牌而有所不同,但基本流程却是相通的。

让大麦发芽,得到麦芽;将麦芽磨碎,加入热水,滤出甘甜的麦芽汁;继续放入酵母菌,制造出酒精度7°~8°的原酒;将原酒装入壶式蒸馏器中进行二次蒸馏,提纯出无色透明的酒液。

加入水,降低酒液的酒精度,放入橡木酒桶中储藏,酿熟,最终完成威士忌的酿制过程。

不同威士忌之间最大的差异,来自酿造的原料、蒸馏方法,以及是否调和。

以下将介绍威士忌酿制过程的基本情况,以及麦芽威士忌的酿制方法。

① 发芽

将威士忌的原料——大麦储存2个月以上,当大麦发芽之后,即放入水槽中,每隔几个小时就抽取其中的水分,暴露于空气中,再加入酵母,如此重复操作,接着将大麦铺在地板上令其发芽,使之干燥,而只有苏格兰威士忌在干燥工序中,使用了泥煤进行烘干,因此带有独特的泥煤香味。

② 糖化

将干燥过的麦芽磨碎,将碎麦芽放入糖化槽中,与温水混合均匀,最后得到麦芽汁,这个过程叫作糖化。麦芽汁是一种香甜的营养饮料。

邦穹桶
punchen
用于酿熟的大桶,容量在480～520升。特点是桶身粗壮。

泥煤
peat
石楠科灌木欧石南属植物、草木等堆积而成的泥炭或草炭。

纯麦
pure malt
这是一个在强调仅使用麦芽威士忌时所用的词汇,但不限于单一麦芽威士忌。

调酒师
blender
负责将不同的麦芽威士忌,或麦芽威士忌和谷物威士忌调配在一起的人。

调和型威士忌
blended malt
这是苏格兰威士忌协会所提倡的术语,建议将多种原酒进行混合称为调和。

壶式蒸馏器
pot still
用于蒸馏的单式蒸馏器,全部使用铜来制造。

[第1节]

4 蒸馏

将发酵后产生的原酒浆倒入单式蒸馏器(壶式蒸馏器),将酒精汽化,再冷却形成液体,提高酒精浓度。一次蒸馏时,酒中所含的成分比较复杂,因此麦芽威士忌一般要进行二次蒸馏。

5 酿熟

在新酒中加水,将酒精度数降到63°~64°,再装入橡木酒桶中进行酿熟。这时的酒精度,最适合酒桶材质中的成分融入威士忌。酿熟过程中,从酒桶材质中析出的成分与新酒会产生反应,增添威士忌的风味。

3 发酵

将糖液冷却到20℃左右,将其移入发酵槽,加入酵母令其开始发酵。发酵时间最短要求48小时,最长可达70小时。发酵完成后,得到酒精度7°~8°的原酒浆。

6 混配

威士忌装入酒桶之后,放置在酿熟车间的什么位置,以及放在哪一层,都会影响成品的味道。酿熟完成后的威士忌,基本上都会移入大桶中加以混合,然后再进行装瓶。

麦芽
malt
大麦的麦芽,用作威士忌的原料。

麦芽威士忌
malt whisky
以大麦芽为原料,经过单式蒸馏器蒸馏所得到的威士忌,苏格兰威士忌必须在橡木酒桶中酿熟3年以上。

再利用木桶
refill cask
指重复使用的波本酒桶或雪莉酒桶,酒桶的寿命一般为60~70年,在此期间会被重复用来酿熟威士忌。

麦芽汁
Wort
在糖化槽中加入温水,最后过滤出的糖液就是麦芽汁,用于发酵。

基础知识

[基础知识7] **决定威士忌味道的要素**

1 大麦

在寒冷的气候之中依然能够生存的大麦，生命力相当旺盛，自古以来便是苏格兰人不可或缺的谷类。根据麦穗的外形，可以将其分为二棱、四棱、六棱几大类。苏格兰威士忌所用的原料是二棱大麦，因其淀粉含量高，且富含氨基酸，在酵母的作用下，会产生大量的酒精。

相比英格兰而言，过去苏格兰出产的大麦无论是产量还是质量都略逊一筹。直到20世纪60年代开发出新的品种"千金一诺"，才打破了这一局面。这一品种的麦芽特性可与英格兰的优良品种匹敌，后来又

2 泥煤

指生长在寒冷地带的石楠花、苔藓、灌木等植物堆积形成的泥炭。苏格兰的艾莱岛有1/4是潮湿的草原，寒冷的气候和潮湿的草原促使泥煤形成，历经千年堆积出15厘米厚的泥煤层。泥煤燃烧时产生的烟能够渗透麦芽，除了干燥的作用，也为苏格兰威士忌赋予独特的烟熏香味。

期间	代表性品种	酒精产率 （LPA／吨麦芽）
1950—1968年	和风／Zephyr	370～380
1968—1980年	千金一诺／Golden Promise	395～405
1980—1985年	胜利／Triumph	395～405
1985—1990年	卡马格／Carmargue	405～410
1990—2000年	战车／Chariot	410～420
2000年—	视觉／Optic	410～420

※LPA／吨麦芽：指从1吨麦芽中所获得的酒精，表示换算为100%酒精条件下的产量（升）。

3 水

在麦芽威士忌的制造过程中，水是一个重要的元素。

为什么威士忌是琥珀色？

威士忌最初并不是琥珀色的，刚蒸馏出的原酒是无色透明的液体（如左图）。将其装入橡木酒桶中酿熟，酒桶中的成分与酒液融合，逐渐产生了琥珀色。酒液的香味也变得醇厚复杂，美丽的琥珀色原来是拜酒桶所赐。

[第1节]

经过了不断的改良，陆续涌现出更加优质的品种。如今"千金一诺"已经退出历史舞台。

每个蒸馏厂都使用各自的天然水。以苏格兰威士忌所用的水为例，一般来说，矿物质含量低的软水，比矿物质含量高的硬水更合适。

但苏格兰人喝得最多的格兰杰，用水取自泰洛希泉涌出的高硬度水。但人们普遍的共识仍是，只有软水才能酿出美味的威士忌。

❹ 酒桶

威士忌的风味中，6成取决于酒桶与酿熟，可见酿熟是多么重要。而酿熟过程中的一大要素，是酒桶的尺寸和材质。酒桶分为欧洲橡木及白橡木两种。利用二者制造出的酒桶都具有很好的密封性，且富含多酚。

柱桶／邦穹桶

原本的容量为327升，用于盛装啤酒。另有545升的用于朗姆酒。日本使用的则是容量480～500升的桶。

波本桶

容量为180～200升，在美国以白橡木为材料，主要用于酿熟波本威士忌。

猪头桶

这是将波本酒桶拆开，将酒桶加粗所制成的酒桶。220～250升的桶多用于酿熟苏格兰威士忌。

大酒桶／雪莉大桶

名称来自意为"大"的拉丁语。容量在480～500升，主要用于运输雪莉酒。

精心设计的威士忌酒桶

用于酿熟威士忌的酒桶中，有一种被称为设计师的酒桶，难道说酒桶也要专配设计师吗？事实并非如此，"设计师的酒桶"其实是酒桶研究先锋——格兰杰公司所开发的一款酒桶。

酒桶所用的材料，取自美国密苏里州培育的，树龄在80年至150年的白橡木，而从中又要筛选出1厘米的宽度内有8～12条年轮的，方可用于制造这款酒桶。从材质到规格都经过了精心的设计，因此与设计师这一名称才格外般配。

苏格兰单一麦芽威士忌

[第2节]
苏格兰单一麦芽威士忌

苏格兰单一麦芽威士忌的基础知识

酿造于高寒地带的蒸馏酒,令全世界的人们为其着迷。
近年来因着单一麦芽威士忌风潮的兴盛,而得到了更多的青睐。

以独特的香型令无数
威士忌爱好者为其着迷

苏格兰威士忌指的是英国北部苏格兰高地酿造的威士忌。苏格兰的土地面积、人口都与日本北海道差不多,可就是在这样一个地方,却有着近130个蒸馏厂,酿造着各种各样的威士忌。

苏格兰单一麦芽威士忌酿制于单一蒸馏厂,仅使用麦芽威士忌进行装瓶。麦芽威士忌的蒸馏厂,目前已达120个。蒸馏厂的选址、风土、自然环境,影响着麦芽威士忌的味道,这一点与红酒非常类似。现在,苏格兰的威士忌生产地可分为高地、低地、坎贝尔镇、艾莱岛、岛屿区,以及蒸馏厂最为集中的斯佩塞地区。

各个地区出产的威士忌,味道中也带着各自蒸馏厂的个性。

苏格兰威士忌的发展史

苏格兰威士忌在文献中最早的记载是1494年,苏格兰王室财务部的记录中有这样一段:赐予修道士约翰·柯尔8瓶(约500千克)威士忌。由此可以了解到,当时的人们已使用大麦芽来制造蒸馏酒。威士忌酿造技术从爱尔兰传到苏格兰,则是在更早的8、9世纪,最晚不过12世纪。

然而,当时人们并不知道酒桶酿熟,而是直接饮用蒸馏出来的酒。直到私造酒时代,才诞生了闪耀美丽琥珀色,风味醇厚的威士忌。

苏格兰的私造酒时代从18世纪初叶,一直延续到19世纪前叶,历时约100年。起因是1707年苏格兰岛被英格兰合并,以及政府对酿酒业者课以重税。苏格兰人民不愿向英格兰政府支付税金,因而藏身于深山中,开始蒸馏威士忌,当时所用的原料,是优质的大麦、山泉水、丰富的泥煤,以及随身携带的雪莉酒桶。在私造酒时代中,他们掌握了制造威士忌必需的知识。

1823年,政府面对屡禁不止的私造酒,制订了"酒税法",翌年,第一个政府公开承认的蒸馏厂格兰威特蒸馏厂便诞生了。此后,苏格兰威士忌即成为了最大的产业。

[第2节]

Scotland
苏格兰

❶ 斯佩塞
在斯佩塞流域酿造的麦芽威士忌,该地区集中了51个蒸馏厂。

❷ 高地
归类在高地的蒸馏厂有43个,高地区域覆盖面甚广,因此出产的酒质也多种多样。

❸ 艾莱岛
在这个有着3500人口的岛上,分布着布纳哈本、酷・艾拉、阿德贝哥等8个蒸馏厂。

❹ 坎贝尔镇
目前镇上仍在营运的仅3个蒸馏厂,其中著名的有云顶蒸馏厂。

❺ 低地
这一地区气候温和,所酿造出的麦芽威士忌同样温和、清淡。

❻ 岛屿区
岛屿区的麦芽威士忌蒸馏厂包括奥克尼群岛斯卡帕、斯凯岛泰斯卡等6个蒸馏厂。

奥克尼群岛 / 刘易斯岛 / 哈里斯岛 / 因弗内斯 / 斯佩塞河 / 斯凯岛 / 巴拉岛 / 马尔岛 / 汝拉岛 / 高地・低地交界 / 北海 / 敦提 / 格拉斯哥 / 爱丁堡 / 阿伦岛 / 格林诺克

[苏格兰威士忌专题] 1

味道因酒桶而不同

酿熟苏格兰威士忌所用的酒桶是橡木做的,但在酿熟威士忌之前,还盛装过其他的酒。

一般可分为装过雪莉酒的雪莉酒桶、装过波本酒的波本酒桶,以及再利用桶。其中,再利用桶在酿熟过苏格兰威士忌后,继续循环使用。酿熟所用的酒桶改变着麦芽威士忌的风味,而酒液的色泽和味道也各不相同。

大量进口到英国的雪莉酒的酒桶随手可得,因此一开始都使用雪莉酒桶。到了20世纪初叶,由于人们大量生产威士忌,酒桶无法满足需求,便开始使用波本酒桶。现在,波本酒桶是为人们使用最多的酒桶,而雪莉酒桶则物以稀为贵。

使用雪莉酒桶
所酿熟威士忌带有雪莉酒的颜色及香味,酒液呈深红色,甜味丰富。

使用波本酒桶
所酿熟的威士忌呈浅棕色,带有香草风味,味道似柑橘类水果。

苏格兰单一麦芽威士忌

红酒桶赋予威士忌更多风味

各位是否在酒吧或烈酒商店里，见过在商标上标识红酒名称的单一麦芽威士忌酒瓶？这类酒在酿造时，经过一轮酿熟之后，被移入其他酒桶，又经过了少则数月，多则两年的酒桶酿熟。

酒桶酿熟技术的先行者是格兰杰酿酒公司，出品过罗曼尼·康帝的"夜丘""滴金酒庄""埃米塔日"等为数众多的酒桶酿熟酒。近年来，其他酿酒公司也不甘其后，推出的威士忌，除了法国酒庄的酒桶之外，还使用世界各国的名贵红酒桶进行酿熟。

[苏格兰威士忌专题] 2

什么是独立装瓶威士忌？

与蒸馏厂出售的威士忌不同，独立装瓶商会将刚产出的原酒整桶买下，在自己的公司里进行酿熟。诞生于同一个蒸馏厂的威士忌，因酿熟年份、酒精度数的不同，最后产生的风味也是不同的。如果自己品尝的威士忌来自不同的蒸馏厂，便可以享受到各种各样的风味，体会不同蒸馏厂的个性，更深地感受威士忌的区别。

独立装瓶工厂内部，有各自的酿熟方法。许多品牌对标签非常讲究。

格兰冠的原桶强度34年威士忌，独立装瓶威士忌的特点是，瓶身上标注着酒桶号码及装瓶号码。

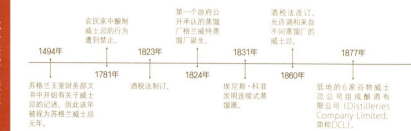

苏格兰威士忌年表

1494年	苏格兰王室财务部文书中开始有关于威士忌的记述，因此该年被视为苏格兰威士忌元年。
1781年	农民家中酿制威士忌的行为遭到禁止。
1823年	酒税法制订。
1824年	第一个政府公开承认的蒸馏厂格兰威特蒸馏厂诞生。
1831年	埃尼斯·科菲发明连续式蒸馏器。
1860年	酒税法改订，允许调和来自不同蒸馏厂的威士忌。
1877年	低地的6家谷物威士忌公司组成酿酒有限公司（Distilleries Company Limited，简称DCL）。

[第2节]

[苏格兰威士忌专题] 3

苏格兰威士忌的圣地——艾莱岛

艾莱岛全岛有1/4的面积，被厚厚的泥煤层所覆盖，形成了一个"泥煤王国"。

岛上分布着布纳哈本、酷·艾拉、阿德贝哥、乐加维林、拉弗格、波摩、泥煤怪兽、齐侯门8个知名的蒸馏厂。

由于蒸馏厂建在海边，酿制出的威士忌酒中便带上了艾莱岛特有的"海水的香气"。这种独特的个性，令苏格兰威士忌的拥趸们为其着迷、欲罢不能。

代表性威士忌

波摩

艾莱岛麦芽威士忌的特点显著，药草的风味与泥煤风味堪称绝配。

（上图）建在海边的乐加维林蒸馏厂。
（右图）自然风景优美的艾莱岛，气候温暖，适合大麦种植。
（左图）使用后的酒桶被堆放在海边。

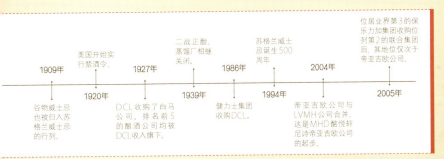

| 1909年 | 1920年 | 美国开始实行禁酒令 | 1927年 | DCL收购了白马公司，排名前5的酿酒公司均被DCL收入旗下。 | 二战正酣，蒸馏厂相继关闭。 | 1939年 | 1986年 | 健力士集团收购DCL。 | 1994年 | 苏格兰威士忌诞生500周年 | 2004年 | 帝亚吉欧公司与LVMH公司合并，这是MHD酩悦轩尼诗帝亚吉欧公司的起步。 | 2005年 | 位居业界第3的保乐力加集团收购位列第2的联合集团后，其地位仅次于帝亚吉欧公司。 |

谷物威士忌也被归入苏格兰威士忌的行列。

苏格兰单一麦芽威士忌

Single Malt Scotch Collection

苏格兰单一麦芽威士忌名品录

单一麦芽威士忌是威士忌的精华。
本节所介绍的40个单一麦芽威士忌品牌均为其中的名品

Ardbeg TEN Years Old
阿德贝哥10年单一麦芽威士忌

艾莱岛盛产泥煤味中带有烟熏味的威士忌，阿德贝哥蒸馏厂建在艾莱岛南岸，规模很小，阿德贝哥在盖尔语中的意思是"小山丘"或"小海角"。由于厂中用来干燥麦芽的泥煤，是所有蒸馏厂中浓度最高的，酿制出的威士忌的烟熏风味最强烈，其被称为"终极艾莱麦芽威士忌"，在世界上获得很高的好评。

香型：泥煤味中有烟熏味，海边湿地般的香气，奶油味中带水果香味。

味型：泥煤味，有层次感，甘甜顺滑，咸味大福，余韵悠长，令人愉悦。

参数：
容量700毫升，酒精度46°，售价5880日元
详情可咨询：MHD酩悦轩尼诗帝亚吉欧公司

品牌系列：
乌干达/轻泥煤/旋涡单一麦芽威士忌等

Laphroaig 10 years
拉弗格10年原桶强度单一麦芽威士忌

在盖尔语中，拉弗格意为"开阔海湾的美丽洼地"。顾名思义，蒸馏厂所在地，是距离盖尔岛屿南端大门波特艾伦港以东3千米宁静海湾的对面。拉弗格独特的风味，令人联想起碘和煤酚。拉弗格吸引了来自世界各地狂热的爱好者，其中以英国的查尔斯王子最为有名。

香型：泥煤味中有烟熏味、新鲜的海水气息、碘、加水后散发药草、蜂蜜香味。

味型：泥煤味中有烟熏味，甘甜，余韵中的烈性，热烟熏味悠远。

参数：
容量700毫升，酒精度55.7°，售价8085日元
详情可咨询：三得利

品牌系列：
15年/18年/1/4桶/30年单一麦芽威士忌

Glendronach 12 years
格兰多纳12年单一麦芽威士忌

蒸馏厂建在阿伯丁郡的亨特利郊外，正好位于高地与斯佩塞的交界处，但归属高地麦芽威士忌。在盖尔语中，格兰多纳的意思是"黑色浆果之谷"。在小型蒸馏厂中，使用传统制法生产出的麦芽威士忌，作为高地传统的餐后酒，深受人们喜爱。

香型：梅子、酱油、蘑菇、略带油脂香、慢慢散发出甘甜的太妃糖香味。

味型：甘甜丰富，略带坚果味，后味可云出泥煤味，微辣。

参数：
容量700毫升，酒精度40°
详情可咨询：三得利

[第2节]

Bowmore 12 years
波摩12年单一麦芽威士忌

波摩在盖尔语中意为"巨大的岩礁"。这座艾莱岛最古老的蒸馏厂，建在岛屿中央的洛欣达尔海湾的入口。由于储藏库低于海平面，海浪不断冲刷着酒桶，在艾莱岛酿造的威士忌中，波摩的酒质较为中立。因此，如果要了解艾莱岛麦芽威士忌全貌的话，此款一定不能错过。

香型：泥煤味中带烟熏味，同时也有着药草和柠檬的芳香，略带蜂蜜香。
味型：浓度中等，烟熏味中带甘甜，药草芬芳，口感顺滑，余韵悠长。

参数：
容量700毫升，酒精度40°，售价3885日元
详情可咨询：三得利

品牌系列：
15年黑波摩/18年/25年单一麦芽威士忌

Glenfiddich 12 years
格兰菲迪12年单一麦芽威士忌

格兰菲迪在盖尔语中有"鹿之谷"之意。此款威士忌是世界上最受欢迎的单一麦芽威士忌。蒸馏厂位于斯佩塞的达夫镇地区，创业者格兰家族至今仍是该品牌的经营者，他们始终以酿造山谷中最好的威士忌为目标，从原材料到装瓶都在蒸馏厂内进行。是斯佩塞的代表性名酒。

香型：白色花朵、枫糖浆、洋奶油、加水后散发陈旧的橡木气味。
味型：浓度浅，口感中的甘甜与辣味和谐，顺滑。

参数：
容量700毫升，酒精度40°，售价3255日元
详情可咨询：三得利

品牌系列：
15年/18年/30年单一麦芽威士忌

Tormore 12 years
托摩尔12年单一麦芽威士忌

托摩尔在盖尔语中是"大山丘"的意思。蒸馏厂位于斯佩塞地区，20世纪便进入此地，是创建时间最早的蒸馏厂。其外观以现代眼光看也美不胜收，仍沿用着斯佩塞地区的传统制法，生产出的麦芽威士忌清淡、顺喉，带有斯佩塞特色的华丽甘甜。

香型：奶油、药草、玫瑰花。略带芝士香味，加水后散发着奶油气味。
味型：浓度中等，清澈且顺滑，草木的香味，加蜂蜜的饼干。

参数：
容量700毫升，酒精度40°，售价5040日元
详情可咨询：三得利

苏格兰单一麦芽威士忌

Aberlour a'bunadh
雅伯莱原桶单一麦芽威士忌

雅伯莱在盖尔语中意为"起源",蒸馏厂位于威士忌圣地斯佩塞的中央,其酒质丰富甘甜,耐人寻味,在法国,自古以来便被认为是最好的餐后酒。主要使用雪莉酒桶酿熟,是以非冷凝过滤原酒,原桶强度装瓶,力道强劲的威士忌。

香型: 熟透的水果、黑醋栗、葡萄醋等复杂香味,欧罗素雪莉酒桶香味。
味型: 口感丰富甘甜,葡萄干黄油,朗姆葡萄干,口味浓厚,耐人寻味。

参数:
容量700毫升,酒精度60°左右,售价10500日元

品牌系列:
10年/12年双桶陈酿/16年单一麦芽威士忌

Highland Park 12 years
高地公园12年单一麦芽威士忌

高地公园蒸馏厂是世界上位置最北的蒸馏厂,位于苏格兰北部,由70多个大大小小的岛屿组成的奥克尼群岛的本土位置久,是为数不多的,至今仍使用地板式发芽法的蒸馏厂,拥有独立开创的泥煤开采场,岛上独特的泥煤,通过地板式发芽法,造就出了此酒丰富的风味。

香型: 醇厚甘甜,略带泥煤味与烟熏味,药草,加水后散发香草奶油脂香味。
味型: 顺滑醇厚,令人联想到黑巧克力或橙味啤酒,口感和谐。

参数:
容量750毫升,酒精度43°
详情可咨询:朝日啤酒

品牌系列:
18年/25年/30年/40年单一麦芽威士忌

Edradour 10 years
埃德拉多尔10年单一麦芽威士忌

埃德拉多尔在盖尔语中有"两条河流之间"之意,这家微型威士忌蒸馏厂,仍保留着当年作为农家副业的威士忌手工酿造的痕迹。采用苏格兰最小的壶式蒸馏器,并且全部都在厂内装瓶,生产规模很小,每一个批次的味道都不一样,这是此酒的特点。

香型: 药草、酱油、奶油、伴有酸味调味汁。
味型: 药草肥皂、椰果、加水散发香水味。

参数:
容量700毫升,酒精度40°,售价7300日元
详情可咨询:伯尼里株式会社 / Bonili Japan Co., Ltd.。

品牌系列:
小矮人系列/非冷凝过滤/巴拉奇马德拉桶单一麦芽威士忌

[第2节]

Auchentoshan 18 years
欧肯特轩18年单一麦芽威士忌

欧肯特轩在盖尔语中意为"原野的角落",蒸馏厂建在自工业城市格拉斯哥往西北10千米,俯瞰克莱德海湾的斜坡上,采用低地传统的三次蒸馏制法,口感温和且甘甜,是一款绵密的麦芽威士忌,非常适合女性及初试威士忌的人士,如果要了解低地威士忌,这是不可错过的一款。

香型: 柑橘类水果,似绿茶般的清爽香气,加水后似牛奶可可味。
味型: 麦芽糖,糖霜,烤杏仁,口感绵密和谐。

参数:
容量700毫升,酒精度43°,售价14700日元
详情可咨询:三得利

品牌系列:
品牌系列:经典/12年/三桶单一麦芽威士忌

Balblair 1997
巴布莱尔1997年单一麦芽威士忌

在盖尔语中,"bal"意为"村落","blair"意为"平坦的土地",蒸馏厂所在的罗斯郡埃弗顿村,拥有优质的水源与泥煤,自古便出产口感和谐的美酒。因为百龄坛的重要原酒而闻名,对酿熟年份非常讲究,只选用经过最佳酿熟的单一年份威士忌,作为单一麦芽威士忌出售。

香型: 橡木,香料,葡萄干,药草,柑橘类水果,杏。
味型: 浓度中等,微辣,药草甜味,奶油味余韵悠长。

参数:
容量700毫升,酒精度43°
详情可咨询:三阳物产

品牌系列:
1989年/1979年/1975年/1965年单一麦芽威士忌

Glenrothes Select Reserve
格兰罗塞斯珍藏单一麦芽威士忌

蒸馏厂位于自古便以威士忌制造业兴盛的斯佩塞罗塞斯镇,由于地处罗塞斯河谷,便取名格兰罗塞斯,各个威士忌公司的调酒师都对该酒给予很高的评价,产出的麦芽威士忌基本都用于兑和调和型威士忌,只有2%左右的优质原酒,才作为单一麦芽威士忌出售。

香型: 药草,坚果,略带梅子味,糖果,酸奶,橘子果酱。
味型: 甜度中等,要草,柑橘,口感和谐,余韵中略带辣味。

参数:
容量700毫升,酒精度43°

品牌系列:
1991年/1994年单一麦芽威士忌等

苏格兰单一麦芽威士忌

Cragganmore 12 years
克莱根摩12年单一麦芽威士忌

克莱根摩蒸馏厂位于斯佩河中游，艾芬河与斯佩河交汇点的附近。伟大的威士忌行家，也是创始者的约翰·史密斯设计的平顶蒸馏器，至今仍用于生产享誉盛名的麦芽威士忌。该厂生产的原酒用于酿制欧伯等品牌的威士忌，因此很少作为单一麦芽威士忌出售。

香型： 丰富，纤细，蜂蜜，新鲜水果及柑橘类水果香气，药草，甘甜。
味型： 甘甜且华丽，入口柔和顺滑，馥郁芳香，似香草，有花香。

参数：
容量700毫升，酒精度40°，售价3830日元
详情可咨询：MHD酷悦轩尼诗帝亚吉欧公司

品牌系列：
蒸馏师精选/29年单一麦芽威士忌

Jura 10 years
汝拉10年
单一麦芽威士忌

在维京语中，汝拉岛意为"鹿之岛"。岛上居民仅200人，野生鹿却有5000多头。为了区别于其毗邻的艾莱岛上出产的麦芽威士忌，汝拉威士忌基本选用无泥煤麦芽。在体型庞大的壶式蒸馏器中生产出的威士忌，浓度浅且酒质清澈。

香型： 新鲜，清冽，柑橘类水果或杏仁，香草般的甜美香味。
味型： 浓度浅，柑橘类水果的新鲜甘甜或香料。

参数：
容量700毫升，酒精度40°，市价
详情可咨询：WHISK-E株式会社

品牌系列：
迷信/1999年重泥煤单一麦芽威士忌

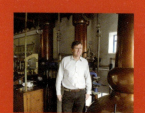

不是地方啤酒厂，而是地方威士忌蒸馏厂

最近，"小型蒸馏厂"（micro distillerie）的称谓越来越多地被人们提起。"distillerie"指威士忌蒸馏厂。这个词是从"小型啤酒厂"（micro brewery），也就是"地方小啤酒厂"派生出来的，指的是地方上手工酿造威士忌的蒸馏厂。

这种小型蒸馏厂由私人经营，生产规模只有大蒸馏厂的1/20，生产出的原酒几乎全都是单一麦芽原酒。

苏格兰也在陆续出现这类小型蒸馏厂。这或许是现代单一麦芽威士忌风潮催生出的金蛋。

[第2节]

Strathisla 12 years
斯特拉塞斯拉12年单一麦芽威士忌

斯特拉塞斯拉在盖尔语中有"艾莱河流经的广阔山谷"之意，蒸馏厂位于以亚麻布产业而兴盛的斯佩塞基斯镇，至今仍在此处看到古时常见的宝塔屋顶与水车。蒸馏厂的美丽在苏格兰首屈一指，多作为芝华士威士忌的原酒使用，很少作为单一麦芽威士忌出售。

香型： 果香，香味丰富，苹果，洋梨，加水后散发更加甘甜的水果香。
味型： 丰富柔和，略带雪莉酒桶的香味，加水后带有可可，巧克力味道。

参数：
容量700毫升，酒精度43°，售价8493日元
详情可咨询：麒麟啤酒

Bunnahabhain 12 years
布纳哈本12年单一麦芽威士忌

布纳哈本在盖尔语中是"河口"的意思，蒸馏厂位于艾莱岛北部入口，距离阿斯凯格港4千米左右。在艾莱岛上属于创建较晚的蒸馏厂，使用清洌的水源与不经泥煤干燥的麦芽，生产出的威士忌味道清新，风味清淡，是独特的艾莱岛麦芽威士忌。

香型： 新鲜的海水气息，阳光曝晒中的渔网，咸味大增，加水后香味更显清新。
味型： 甘甜清新。似饼干的甜味中带有潮水的气息，略带泥煤味。

参数：
容量700毫升，酒精度40°，市价
详情可咨询：朝日啤酒

Clynelish 14 years
克里尼利基14年单一麦芽威士忌

距离苏格兰东北部，以高尔夫与三文鱼垂钓闻名，高地上屈指可数的休闲之地——布朗拉不远，是克里尼利基威士忌的蒸馏厂。自古便生产与斯佩塞的格兰威特齐名的麦芽威士忌名品，酒液与舌尖产生天鹅绒般的触感，馥郁芬芳，余韵丰富，是此款威士忌的特点，为行家所称道。

香型： 新鲜水果，芳香甘甜华丽，烟熏味中有果香味。
味型： 顺滑，馥郁，正山小种，果香味的余韵悠长。

参数：
容量700毫升，酒精度46°，售价5600日元
详情可咨询：MHD酩悦轩尼诗帝亚吉欧公司

品牌系列：
蒸馏师精选单一麦芽威士忌

Bruichladdich Peat
布鲁克莱迪克单一麦芽威士忌（也称"泥煤怪兽"）

蒸馏厂建在切入艾莱岛中部的英达尔海湾对面。布鲁克莱迪克在盖尔语中意为"海边山丘的斜面"。蒸馏厂于1994年关闭，2001年在新东家手中重新开业，从那以后，在传统酿法基础之上，使用不同程度的泥煤与酿熟酒桶，生产出大量独特的单一麦芽威士忌。

香型： 泥煤，烟熏味，熏腊肠，炖菜，油脂香且新鲜。
味型： 浓度浅，虽有泥煤味，但甘甜适度，酱菜，加水口感顺滑。

参数：
容量700毫升，酒精度46°，售价6300日元
详情可咨询：国分

品牌系列：
摇滚/波本桶/16年单一麦芽威士忌

苏格兰单一麦芽威士忌

Glen Grant 10 years
格兰冠10年单一麦芽威士忌

在意大利,此款苏格兰威士忌与红酒并列畅销榜高位,在市场份额中占据无可争议的地位。其蒸馏厂在斯佩河下游的罗塞斯镇,用水来自蒸馏厂背后格兰冠河中流淌的黑水(一种深泥煤色的水),酒液带有甜美的花香。

香型:甜而丰富、如溶剂般的香味,水果香,糖果盒香味。
味型:浓度中等,口味清淡,甜美似柑橘类水果,余韵悠长。

参数:
容量700毫升,酒精度40°,市价

Hazelburn 8 years
赫佐本8年单一麦芽威士忌

此款威士忌以过去坎贝尔镇上的赫佐本蒸馏厂的名字命名,现在云顶蒸馏厂生产,用泥煤焚烧干燥麦芽,经过3次蒸馏。有着低地麦芽威士忌的清淡口味,酒液的芳香中又保留着坎贝尔镇麦芽威士忌特有的海水气息。

香型:微弱的泥煤香,药草或石楠花蜜,加水后散发脆饼的香甜味。
味型:浓度浅,甜美清新,橡木或香料,后味平顺。

参数:
容量700毫升,酒精度46°,市价
详情可咨询:WHISK-E株式会社

Benriach 12 years
班瑞克12年威士忌

在盖尔语中,"ben"意为"山","riach"意为"受伤"。蒸馏厂在斯佩塞埃尔金镇以南约5千米的地方,毗邻朗摩蒸馏厂。一直坚持使用传统的地板式发芽法。由于使用泥煤燃烧的热量来干燥麦芽,生产的酒液中便带有烟熏及泥煤的香味。

香型:蜂蜜、柑橘、雪莉酒香。复杂的香味还令人联想到烤焦的蜡和砂糖。
味型:浓度中等,姜饼、雪莉酒、巧克力,可口。

参数:
容量700毫升,酒精度43°,市价
详情可咨询:WHISK-E株式会社

品牌系列:
16年/20年/泥煤10年/红泥煤21年/25年单一麦芽威士忌

Dalmore 12 Years Old
达摩12年单一麦芽威士忌

在盖尔语中,达摩意为"广阔的草地"或"广阔的湿地"。蒸馏厂建在北高地的阿尔尼斯镇郊外,使用独特的平顶壶式蒸馏器,制造北高地传统的美酒,因作为著名的调和型威士忌 红狮苏格兰威士忌的基地麦芽威士忌而闻名。

香型:麦芽、饼干、橄榄、药草,加水后散发令人愉悦的酒桶香,葡萄干,柑橘香味。
味型:味道丰富,口感顺滑且复杂,有咸味,余味逐渐麦芽顺。

参数:
容量700毫升,酒精度40°,售价7350日元
详情可咨询:明治屋

品牌系列:
特级珍藏/15年/1263亚历山大三世单一麦芽威士忌

[第2节]

The Balvenie 12 years Double Wood
百富12年双桶陈酿单一麦芽威士忌

百富的蒸馏厂位于斯佩塞地区，有7个正在营运，在蒸馏厂密集的斯佩塞地区名列的矛，因为格兰菲迪的兄弟蒸馏厂而出名，但二者的酒质却迥然不同。双桶就是经过2种酒桶的，在波本酒桶中酿熟之后，再移入雪莉酒桶中，前后酿熟12年之久，才能酿出这样一瓶单一麦芽威士忌。

香型：蜂蜜，石楠花蜜，梅子，香草或糕点奶油，加水后更加浓厚。
味型：醇厚且顺滑，浓郁的木质香，后味辣，坚果，巧克力。

参数：
容量700毫升，酒精度40°，售价4410日元
详情可咨询：三得利

品牌系列：
15年单桶/21年波特桶单一麦芽威士忌

Oban 14 years
欧本14年单一麦芽威士忌

蒸馏厂建在欧本镇，在盖尔语中的意思是"小海湾"。自古就因其天然海港的优势而繁荣，今天它仍因是赫布里底群岛的入口，而吸引着众多的游客。因此非常热闹。欧本威士忌使用体积较小的壶式蒸馏器，是一款味道复杂、醇厚，带着海水气息的单一麦芽威士忌。

香型：平顺，油脂香，麦芽，药草，海水，杏仁膏，加水后散发香草，橡木味。
味型：甘甜且顺滑，复杂且醇厚，略带泥煤味，加水后可尝到姜味。

参数：
容量750毫升，酒精度43°，售价7500日元
详情可咨询：MHD酩悦轩尼诗帝亚吉欧公司

品牌系列：
蒸馏师精选/32年单一麦芽威士忌

Ben Nevis 10 years
本尼维斯10年威士忌

蒸馏厂在西部高地的威廉堡地区。建在英国最高峰、海拔1344米的本尼维斯山脚下，酿酒使用从山顶附近流出的清冽的雪融水。蒸馏厂所在地山清水秀，酿出的威士忌芬芳秀逸。此款单一麦芽威士忌被誉为"高地隐藏的名酒"。

香型：热带水果，芒果，百香果，亚麻籽油，略带泥煤香。
味型：不算芳香，但带有热带水果的风味，甘甜，余韵悠长。

参数：
容量700毫升，酒精度43°，市价
详情可咨询：朝日啤酒

Springbank 10 years
云顶10年威士忌

蒸馏厂在坎贝尔镇，位于金泰尔半岛（苏格兰西部，向大西洋突出）的前部。自古以来威士忌酿造业兴盛，镇上曾经活跃过众多的蒸馏厂，今天却只留下了3个。云顶蒸馏厂采用二次半蒸馏的复杂系统，所生产的单一麦芽威士忌带有辣味，被评价为富有个性的单一麦芽威士忌。

香型：甜而丰富，柠檬，枫糖浆，药草，草香味，略带泥煤香。
味型：甜而复杂，蜂蜜，柑橘，加水后有柠檬水味，后味略带烟熏味。

参数：
容量700毫升，酒精度46°，市价
详情可咨询：WHISKY-E株式会社

品牌系列：
10年100标准酒精度威士忌/15年/1997年单一年份威士忌/2001年单一年份威士忌等

The Macallan 18 years
麦卡伦18年单一麦芽威士忌

麦卡伦被伦敦老字号百货商店哈洛德百货的威士忌读本盛赞为"单一麦芽威士忌中的劳斯莱斯"。蒸馏厂位于斯佩河中游，克莱拉齐村的对岸，在斯佩塞地区最小的壶式蒸馏器中，利用直火蒸馏法，经过雪莉酒桶酿熟，坚持传统工艺酿造出的麦卡伦威士忌，在日本的畅销地位不可撼动。

香型：甜而丰富，有层次感，椰子，薄荷，荔枝，加水后散发奶油糖果香味，枫糖浆。
味型：甘甜顺滑但复杂，奶味，蜂蜜，香料，孜然芹，丁香。

参数：
容量700毫升，酒精度43°，售价14700日元
详情可咨询：三得利

品牌系列：
10年/12年/25年/30年/黄金三桶10年单一麦芽威士忌
12年/18年/25年原桶麦芽威士忌等

苏格兰单一麦芽威士忌

Royal Lochnagar 12 years
皇家洛赫纳加12年单一麦芽威士忌

蒸馏厂位于英国王室的夏日行宫——巴尔莫勒尔堡，建在被称为皇家迪河畔的迪河上游。因维多利亚女王向其颁发皇家御用特许，而冠以"皇家"二字。此款单一麦芽威士忌年产量很低，因此非常稀少。

香型：甜美、水果香、杏仁干、柿子干、雪莉酒般的芳香。
味型：浓度低、口味温和、利喉、口感平顺、坚果、药草。

参数：
容量700毫升，酒精度40°，市价
详情可咨询：麒麟啤酒

品牌系列：
皇家洛赫纳加珍藏单一麦芽威士忌

Tomatin 12 years
汤玛丁12年单一麦芽威士忌

蒸馏厂位于从高地首都因弗内斯出发，向南行进24千米左右的汤玛丁村。汤玛丁在盖尔语中的意思是"杜松树繁茂的山丘"。该村为高地往低地的交通要塞，自古以来此地酿造的威士忌便深受人们喜爱。此款传统的高地麦芽威士忌，在内行人中非常有名。

香型：麦芽、药草、清新且略带泥煤味、加水后香味似熬苹果汁。
味型：口味略刺激、但口感和谐、有坚果味、加水后口感顺滑利喉。

参数：
容量750毫升，酒精度43°，售价6300日元
详情可咨询：国分

品牌系列：
12年原桶/15年/18年/25年单一麦芽威士忌

Glenmorangie Original
格兰杰经典单一麦芽威士忌

格兰杰在盖尔语中的意思是"幽静的山谷"，位于北高地的罗斯郡。多诺赫湾南岸的坦恩镇。格兰杰威士忌在造型奇特的天鹅颈壶式蒸馏器中酿馏，在材质经过严格挑选的橡木酒桶中经年酿熟。因此在其发源地苏格兰地区，人气度也是名列前茅。

香型：蜂蜜、香草、甘甜清爽、薄荷、柑橘、加水后散发软下的橡木味。
味型：甘甜、口感和谐顺滑、薄荷、香料、椰子、后味平顺。

参数：
容量700毫升，酒精度40°，售价5040日元
详情可咨询：MHD酩悦轩尼诗帝亚吉欧公司

品牌系列：
阿斯塔/勒桑塔/昆塔卢本/纳塔朵/稀印/18年/25年单一麦芽威士忌等

Longrow CV
朗格罗CV单一麦芽威士忌

以坎贝尔镇的蒸馏厂郎格罗命名的单一麦芽威士忌。此款酒在同一地区的云顶蒸馏厂中生产，与云顶蒸馏厂相比，使用的是重泥煤，且经过二次蒸馏，酿熟6～14年的麦芽原酒在大小和种类各异的酒桶中进行调和。

香型：泥煤味与烟熏味、腊味、烤肉味、加水后散发烤面包味。
味型：浓度中等、虽带烟熏味、但酒液甘甜、饮后口味逐渐平顺、余味凉。

参数：
容量700毫升，酒精度46°，市价
详情可咨询：WHISKY-E株式会社

品牌系列：
10年/10年100标准酒精度单一麦芽威士忌

[第2节]

The Glenlivet 12 years
格兰威特12年单一麦芽威士忌

创始人乔治·史密斯在19世纪初叶以最杰出私造威士忌工匠的身份而著称。1824年，他创建了格兰威特蒸馏厂，成为获得政府公开承认的第一个蒸馏厂，以此结束了私造酒时代。今天，格兰威特仍是现佩章麦芽威士忌的代名词，在世界上人气居高。其口感和谐，是单一麦芽威士忌的坐标。

香型：柠檬、西柚、蜂蜜、洋梨味糖果，闻起来异常芬芳。
味型：甜美顺滑、橙子、蜂蜜，各种口感沉稳的味道十分协调。

参数：
容量700毫升，酒精度40°，售价4440日元
详情可咨询：日本保乐力加集团

品牌系列：
15年法国橡木桶珍藏/18年/纳朵拉/21年/25年单一麦芽威士忌

Lagavulin 16 years
乐加维林16年
单一麦芽威士忌

蒸馏厂位于艾莱岛南岸，沿着海岸线从波特艾伦港向东行进，面对加布林湾而建。蒸馏厂四周的湿地被优质的泥煤层所覆盖，所产生的威士忌在艾莱岛的麦芽威士忌中，酒质最为厚重和丰富，在世界上人气超高的调和型威士忌，白马王威士忌的原酒，也来自乐加维林。

香型：烟熏味、层次感丰富、上等的正山小种，水分充盈的水果。
味型：甜美柔和，天鹅绒般的口感。柑橘、黑巧克力味。

参数：
容量750毫升，酒精度43°，售价7500日元
详情可咨询：MHD酩悦轩尼诗帝亚吉欧公司

品牌系列：
12年/蒸馏师精选单一麦芽威士忌

Talisker 10 years
泰斯卡10年单一麦芽威士忌

泰斯卡蒸馏厂是内赫布里底群岛中最大的岛屿——斯凯岛中唯一还在营运的蒸馏厂，此岛别名"海雾之岛"，出产的麦芽威士忌力道超强，带着阳刚之气，被调酒师形容为"在舌尖爆炸"的威士忌。这种强烈而复杂的风味，俘获了大量的麦芽威士忌爱好者。

香型：泥煤、海水气息、辣、药草、加水后散发姜味、烟熏味更重。
味型：浓度中等、味甜、但因有烟熏味、尝起来有辛辣感、黑巧克力味。

参数：
容量700毫升，酒精度45.8°，售价4830日元
详情可咨询：MHD酩悦轩尼诗帝亚吉欧公司

品牌系列：
18年/蒸馏师精选/25年/30年单一麦芽威士忌

Glenkinchie 12 years
格兰昆奇12年单一麦芽威士忌

此酒的蒸馏厂位于从爱丁堡向东约20千米，牧草丰沛、大麦、小麦、玉米地广阔的丘陵地带。使用苏格兰最大的壶式蒸馏器，酿造口味清淡高雅的传统低地麦芽威士忌，同时也是世界上广受欢迎的调和型威士忌，尊尼获加重要的原酒。

香型：甜美清淡、谷物、药草、薄荷、香气高雅、加水后散发花香。
味型：浓度低、口味清淡甜美、酥饼味、余味平顺。

参数：
容量750毫升，酒精度43°，售价3830日元
详情可咨询：MHD酩悦轩尼诗帝亚吉欧公司

品牌系列：
蒸馏师精选单一麦芽威士忌

苏格兰单一麦芽威士忌

Longmorn 16 years
朗摩16年单一麦芽威士忌

由于蒸馏厂建在修道院小教堂的旧址上,因此将其命名为朗摩,在盖尔语中意为"圣人之地"。因日果威士忌的创始人竹鹤政孝在此学习过威士忌酿造而知名。在斯佩塞出产的众多麦芽威士忌中,也可称得上是一款出色的餐后酒,因此而得到麦芽威士忌追随者的热捧。

香型:沉稳、丰富的水果香味,酒中带有菠萝香气,如同加了蜂蜜的烤饼。
味型:浓度中等,香味醇厚丰富,口感顺滑甜美,略带木质香。

参数:
容量700毫升,酒精度48°,市价

Scapa 14 years
斯卡帕14年单一麦芽威士忌

在维京语里,斯卡帕意为"牡蛎床"。其蒸馏厂与高地公园蒸馏所一样,高踞于奥克尼群岛远眺斯卡帕湾的高台之上,他们使用着只有在这里才能见到的罗蒙德蒸馏器(一种壶式蒸馏器),生产出的麦芽威士忌风味复杂,令人联想起药草及香料。

香型:花香,清新的药草、花朵,略带油脂香,加水后如香草或蜂蜜。
味型:浓度低、口味淡、口感柔和、花香及香料的风味悠长。

参数:
容量700毫升,酒精度40°,售价6090日元
详情可咨询:三得利

[第2节]

Glengoyne 10 years
格兰哥尼10年单一麦芽威士忌

格兰哥尼蒸馏厂位于高地与低地交界处，连接着敦提与格林诺克酒店。其地理位置居于二者其间，使用来自北部山丘的水，因此被归入高地麦芽威士忌之列。酿酒所用的麦芽不用泥煤干燥，因此酒液柔和清淡。

香型： 柔和甜蜜，芳香的糖果，加水后散发的香气更加甜美，水果味更浓。

味型： 甜美沉稳，加水后可尝到黑巧克力与橘皮果酱的味道。

参数：
容量700毫升，酒精度40°，市价
详情可咨询：朝日啤酒

品牌系列：
17年/21年单一麦芽威士忌

Caol Ila 12 years
酷·艾拉12年
单一麦芽威士忌

酷·艾拉在盖尔语中意为"艾莱海峡"，蒸馏厂在阿斯凯克港北部，面朝艾莱海峡而建，与汝拉岛隔海相望。从蒸馏器车间的玻璃窗，可以望见林立的壶式蒸馏器，这是在苏格兰堪称壮观的场面，建议将此款酒作为麦芽威士忌的入门级产品，尽情享受它浓烈的烟熏风味。

香型： 混杂着泥煤、烟熏、药品、炉火、砍下的橡木味。加水后散发清新甜美的气味。

味型： 带有泥煤味，但浓度很低，味道甜美，感觉像加入了蜂蜜的牛奶，适合在炉火旁饮用。

参数：
容量700毫升，酒精度43°，售价5000日元
详情可咨询：MHD酩悦轩尼诗帝亚吉欧公司

品牌系列：
18年/原桶单一麦芽威士忌

Glenfarclas 105
格兰花格105原桶单一麦芽威士忌

蒸馏厂名"格兰花格"在盖尔语中意为"绿草原中的溪谷"，是斯佩塞地区的代表蒸馏厂，坚持传统的酿制方法，使用雪莉酒桶酿熟及直火蒸馏。品名中的"105"代表105标准酒精度(*)，即酒精度为60°，因受英国前首相撒切尔夫人的青睐而闻名。

香型： 甜美、有力道、雪莉酒、干果、杏仁、辛辣。

味型： 丰富、有力道、蜡、硫磺、咸牛奶糖味、后味平顺。

参数：
容量700毫升，酒精度60°，售价8000日元
详情可咨询：日本百号（MILLION）商事

品牌系列：
10年/12年/15年/17年/21年/25年/30年/家族桶（1952—1994）单一麦芽威士忌

(*) 英式算法：1标准酒精度=酒精度数×1.75

调和型威士忌

[第3节]
调和型威士忌

调和型威士忌的基础知识

调和型威士忌在苏格兰威士忌中占到8成以上。
其特点是酒质顺喉，口感华丽，充满个性。

混合个性多样的麦芽威士忌
酒质柔和的谷物威士忌
造就出不一样的调和型威士忌

苏格兰威士忌从原料、酿造方法上可以大致分为3类——麦芽威士忌、谷物威士忌、调和型威士忌。所谓调和型威士忌，就是将不同的麦芽威士忌兑和（混合）在一起所得的威士忌。一般使用30~40种麦芽威士忌，调和3~4种谷物威士忌。

谷物威士忌是指以玉米、小麦等未发芽的谷物为主要原料，进行蒸馏所制造的威士忌。谷物威士忌主要是作为基底威士忌，一般不能直接饮用。

调和型威士忌以柔和的谷物威士忌作为基底之一，再混合不同个性的麦芽威士忌，令其互相影响，互相激发所获得的威士忌。从调和型威士忌中品出的味道，是单一麦芽威士忌中没有的。

调和型威士忌的发展史

调和型威士忌问世的契机，是连续式蒸馏器的发明。1826年，罗伯特·斯坦因发明了最早的连续式蒸馏器，后来爱尔兰人埃尼斯·科菲经过进一步改良，于1830年获得了特许，因此，今天仍在使用的连续式蒸馏器——科菲蒸馏器也取自他的名字。

利用连续式蒸馏器，可以连续大量生产，在蒸馏器内进行循环往复的单一蒸馏，因此可以蒸馏出酒精度数超过90°的极高纯度酒精。

从19世纪四五十年代，高地的蒸馏业者缺少资金购买蒸馏器，以格拉斯哥和爱丁堡为中心的大城市近郊的低地蒸馏业者，引进了连续式蒸馏器，开始了谷物威士忌的制造。

引进科菲的连续式蒸馏器之后，业界便形成了低地的谷物威士忌业者与高地的麦芽威士忌业者两大阵营，而将两种威士忌混合在一起的调和型威士忌，便也就此诞生了。

[第3节]

英国王室御用苏格兰威士忌

有一种调和型苏格兰威士忌名叫"王室家族","王室"指的便是英国王室。爱德华七世登基之前，詹姆斯·布肯南公司的品牌威士忌，便成为英国王室的御用威士忌。研究出调和型威士忌配方的，是赫布里底群岛的哈里斯岛上的洛黛尔酒店当时的老板，因此只有在白金汉宫及此酒店，才能喝到这种特制的威士忌。日本昭和天皇访问英国时，英国王室曾将其赠与天皇，以此为契机，此后也只有日本能够进口这种威士忌。

百龄坛17年苏格兰威士忌

此酒由4～5种口感清淡柔和的谷物威士忌，与40多种个性丰富的麦芽威士忌调和而成。

[调和型威士忌专题] 1

调和型威士忌中含有

谷物原酒
丹巴顿原桶威士忌等

+

麦芽原酒
阿德贝哥、斯卡帕、格兰多纳等40多种

→

调和型威士忌年表

1826年		1853年		1879年
罗伯特·斯坦因发明连续式蒸馏器	1830年 爱尔兰人埃尼斯·科菲改良了连续式蒸馏器，并获得了为期14年的特许。	爱丁堡的安德鲁·亚瑟开始销售"老调和型格兰威特"（OVG）。	1860年 安德鲁·亚瑟将麦芽威士忌与谷物威士忌兑和在一起，便诞生了调和型威士忌。	由于遭受葡萄根瘤蚜虫害，法国的葡萄园全军覆没，导致白兰地一瓶难求。苏格兰威士忌借此机会，代替白兰地进入了法国人的消费领域。

[调和型威士忌专题] 2

什么是调酒师

调酒师是指负责兑和麦芽威士忌与谷物威士忌的人。但调酒师的工作内容却不止于此。

蒸馏出的原酒装进酒桶,移入酿熟仓库,进行取样,这对于威士忌酿造及品质保证都是非常重要的。

即便采取统一管理,因着酒桶的不同,酿出的威士忌也会在风味或香型上有细微的差别。依靠机器管理是不可能的,因此调酒师的感觉便是这其中的重要因素了。要做到用固定的感觉,来判断威士忌的香型、味型和风味,只有不断地积累经验,方能做到。

在调酒师酒吧中看见调和型威士忌的精髓

调酒师自创的威士忌调和配方,大概是不会公之于世的吧?且慢!在"日果调酒师酒吧"里,调和日果威士忌的5种基底麦芽威士忌,公布了调酒师自创的调和配方的威士忌,却可供顾客公开享用。在这里,顾客可以了解调酒师如何调制威士忌,从而近距离感觉威士忌。

而且,还可以通过试饮和对比5种基底麦芽威士忌,了解自己喜欢哪一种威士忌,作为选择的参考。

除了试饮5种基底麦芽威士忌之外,品尝那些未在市面流通的谷物威士忌,也是这家酒吧的卖点。在日本,能够将单一麦芽威士忌、谷物威士忌、调和型威士忌一网打尽的酒吧仅此一家。

在这本笔记中,记录着竹鹤政孝在苏格兰所学的威士忌酿造技术。

店铺信息
日果调酒师酒吧
东京都港区南青山5-4-31
☎03-3498-3338
营业时间:17:00—23:30
休息:周日、法定节假日

[第3节]

通过上千种方式的兑和，调和出一瓶威士忌，将其推出市场，并保持其味道不变——调酒师的工作，要求他们兼具创造力与管理能力。人们想象中每天与美酒打交道的工作，其实需要背负重大的责任。

日果威士忌首席调酒师久光哲司

酿熟时间一样的原酒，用来酿熟的酒桶不同，其色泽与香味也完全不同，最右边的是谷物威士忌。

> 调和型威士忌

Blended Scotch Collection

调和型苏格兰威士忌名品录

调和型威士忌由麦芽威士忌与谷物威士忌兑和而成。
本节所介绍的14款名品绝对不容错过。

Chivas Regal 12 years

芝华士12年
苏格兰威士忌

前身是1801年始创于阿伯丁的酒店,曾有一段时期为加拿大的施格兰公司所有,现在归属于保乐力加集团。在斯佩塞地区拥有格兰特、朗摩、斯特拉塞斯拉、多摩等12个蒸馏厂,以这些斯佩塞麦芽威士忌品牌为核心,酿造着香味华丽、口味醇和的苏格兰威士忌精品。

香型: 清澈清淡, 甘甜, 华丽的香气, 柑橘类水果。
味型: 浓度浅, 柔和, 水果味, 柠檬, 青苹果, 口感和谐。

参数:
容量700毫升, 酒精度40°,
售价4434日元
详情可咨询: 日本保乐力加集团

品牌系列:
12年/18年苏格兰威士忌

Whyte & Mackay Special

怀特·麦凯红狮
苏格兰威士忌

品牌名称来自创始人詹姆斯·怀特与查尔斯·麦凯的名字, 麦芽原酒兑和后继续后熟, 再加入谷物原酒, 再次后熟, 以此来酿出醇和的风味。该威士忌的总公司在格拉斯哥。

香型: 酿熟年份较浅, 口感柔和顺滑, 麦芽及熟透的水果芳芳。
味型: 醇和但个性突出, 令人欲罢不能, 水果干, 果仁风味。

参数:
容量700毫升, 酒精度40°,
售价2268日元
详情可咨询: 明治屋

品牌系列:
13年/19年/22年/30年苏格兰威士忌

Ballantine's 17years

百龄坛17年
苏格兰威士忌

是世界上调和型威士忌销量排名第2的名品威士忌, 在以欧洲为核心的地区, 有着很高的人气。百龄坛创始于1827年, 曾一度为加拿大的海勒姆·沃克公司所有, 现在属于保乐力加集团。斯佩塞地区的米尔顿道夫及格兰伯吉已用来做基酒麦芽威士忌。

香型: 甘甜柔和, 馥郁的甘甜, 高雅的芳香。
味型: 醇和顺滑, 甘甜柔和, 口感醇厚, 和谐。

参数:
容量700毫升, 酒精度43°,
售价9450日元
详情可咨询: 三得利

品牌系列:
百龄坛特醇/12年/21年/30年苏格兰威士忌

[第3节]

Old Parr 12 years
老伯威12年苏格兰威士忌

老伯威得名于英国一位活到152岁高龄的老人托马斯·伯威，他身后葬在如今英国王室成员的墓地——威斯敏斯特教堂，此款威士忌的制造商为迈克唐纳·格林里斯公司，在日本及东亚地区拥有超高的人气。标签上伯威老人的头像，出自荷兰画家鲁本斯之手。

香型：柔和丰富，水果味，口感非常和谐，略带烟熏味。

味型：在此级别的酒中属于丰富且醇和的，甘甜、辛辣，余韵令人愉快。

参数：
容量750毫升，酒精度40°，售价5000日元
详情可咨询：MHD酩悦轩尼诗帝亚吉欧公司

品牌系列：
经典18年/陈酿/30年苏格兰威士忌

Cutty Sark
顺风调和型苏格兰威士忌

顺风之名来自1869年建造的卡蒂萨克（Cutty Sark）号快速帆船，此款威士忌由伦敦的老字号酒铺贝里兄弟在1923年卖出，其浓度较浅，口味爽利，是一款追求自然风味的苏格兰威士忌名品，此酒以格兰罗塞斯斯佩塞威士忌为主，与高地公园及麦卡伦调和而成。

香型：柠檬，青苹果，柑橘类水果，清淡，甘甜且香味华丽，口感协调。

味型：柔和顺滑，辛辣，后味清爽，浓度浅。

参数：
容量700毫升，酒精度40°，
售价1661日元
详情可咨询：百加得（日本）

品牌系列：
12年/15年/18年/25年苏格兰威士忌

The Famous Grouse
威雀特醇苏格兰威士忌

在威雀的产地苏格兰，这是一款被饮用得最多的威士忌。英文名中的"Grouse"意为松鸡，据说早年的名称为是"格劳沃斯·布朗兹"（Grouse Bronze），随着名气渐响，人们习惯以"那种有名（Famous）的松鸡酒……"作为此酒的代称，于是，将二者合为一体的"Famous Grouse"便应运而生了。泰度、麦卡伦、高地公园等威士忌也用于此酒的调和。

香型：柔和但辛辣，水果香，让人联想起青苹果，菠萝，肉桂。

味型：浓度浅，清冽，辛辣，略带巧克力味，咖啡。

参数：
容量700毫升，酒精度40°，市价
详情可咨询：朝日啤酒

Bell's
金铃调和型苏格兰威士忌

在英国的酒吧中，此款威士忌可谓招牌中的招牌。因其名称带给人们"婚礼钟声"的美好遐想而受到英国人的偏爱，乐于将其作为典礼用酒。此酒的宣传语"Afore ye go"意为"勇往直前"，据说是此品牌创始人阿瑟·贝尔每次举杯之时必说的金句，高地的布莱尔阿苏、斯佩塞达夫镇威士忌，都是此酒的基底麦芽威士忌。

香型：爽利有甘甜，柔和清冽，柑橘类，颗粒状（如谷物）。

味型：浓度浅，甘甜清冽，辣味独特。

参数：
容量700毫升，酒精度40°，售价2046日元
详情可咨询：日本酒类贩卖株式会社

Dewar's
帝王调和型苏格兰威士忌

此品牌的创始人托马斯·德华，被称为苏格兰的超级推销员。伦敦自不必说，此酒还在美国市场上赚得盆满钵满，至今在美国仍高踞标准威士忌销售榜的榜首，人们更熟悉它的另一个名称"白标"。此酒主要以高地的艾柏迪、斯佩塞的欧摩调和而成。

香型：酿熟年份较浅，柔和顺滑，麦芽或熟透水果的芳香。

味型：醇厚，令人欲罢不能。水果干或坚果风味。

参数：
容量700毫升，酒精度40°，
售价1653日元
详情可咨询：百加得（日本）

品牌系列：
白标/12年/18年/御藏苏格兰威士忌

调和型威士忌

White Horse
白马调和型苏格兰威士忌

酒名来自爱丁堡一家古朴的白马酒窖旅馆，创始人彼得·麦基曾在艾莱岛的乐加维林蒸馏厂学习技术，通过调和操作，赋予此酒珍贵、充盈的泥煤香气，作为基底麦芽威士忌的，包括克莱拉齐、格坦爱琴。在全世界的销量达到200万箱，在日本的销量则有6万箱。

香型： 麦芽及柑橘类水果的香气中，交织着泥煤与烟熏般的芬芳，个性独具。
味型： 浓度浅，个性独特，辛辣有力，后味平顺。

参数：
容量700毫升，酒精度40°，市价
详情可咨询：麒麟啤酒

参数：
12年调和型苏格兰威士忌

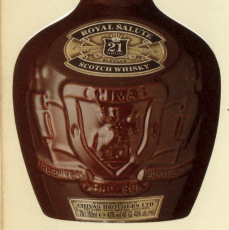

Royal Salute
皇家礼炮调和型苏格兰威士忌

皇家礼炮在皇室举行仪式时发射，1953年，在伊丽莎白女王的加冕典礼上曾发射过21发皇家礼炮，此款酒便是为了向加冕典礼致敬，特别全部使用酿熟超过21年的原酒调和而成的极品威士忌，原本属于限定品，后因其大受欢迎，而成为了品牌中的招牌产品，芝华士出品的斯特拉塞斯拉是其基底麦芽威士忌。

香型： 甘甜，馥郁，水果香，熟透的苹果、蜂蜜、橙味啤酒。
味型： 口感圆润，丝般柔滑，丰满醇和，后味辣。

参数：
容量700毫升，酒精度40°，市价

单一麦芽威士忌与调和型麦芽威士忌

苏格兰威士忌可分为麦芽威士忌与谷物威士忌两种，将二者调和在一起，便成为调和型威士忌(Blended Whiskey)，但在过去，若是将不同的麦芽威士忌混合在一起，所得到的威士忌则称为混合纯麦威士忌(Vatted Malt Whiskey)。

苏格兰威士忌协会(SWA)认为"混合"一词难以理解，为此统一将多种酒的混合叫作"调和"，而未加入SWA的酒类企业(如布鲁克莱迪克)，至今仍使用"混合"一词，由于SWA成员覆盖了业界90%的企业，也许终有一天，"调和型麦芽威士忌"的称谓将一统天下，到时候，苏格兰威士忌将固定为"单一麦芽威士忌"与"调和型威士忌"，为此，现在的我们也许应该习惯使用"调和型麦芽威士忌"这一称谓。

[第3节]

Grant's
格兰家族珍藏版苏格兰威士忌

格兰家族，是指于1887年在斯佩塞的达夫镇创建格兰菲迪蒸馏厂的威廉姆·格兰家族，创业以来历经6代家族经营。此款家族珍藏版是公司的代表产品，由格兰菲迪、百富、奇富等威士忌调和而成。

香型：甘甜丰满，苹果，菠萝，柑橘类水果，薄荷醇。
味型：醇和顺滑，香味浓厚怡人，甜/辣/酸味比例极为协调。

参数：
容量700毫升，酒精度40°，市价

Royal Household
王室家族

品名中的"王室"特指英国王室，此酒原为英国王室御用，后借日本昭和天皇访英之机，特许将其出口日本，因此，除英国王室之外，只有日本才享有饮用此酒的特权。出品此酒的布肯南公司用于调和的45种原酒，也都属于其自有品牌，如达尔维尼、格兰花格等。

香型：顺滑丰满，水果香，洋梨，柑橘，丁香，香料气味怡人。
味型：甜/辣/酸比例均衡，典雅高贵，浓度很淡，饮后心情愉悦。

参数：
容量700毫升，酒精度43°，售价34125日元
详情可咨询：MHD酩悦轩尼诗帝亚吉欧公司

J&B Rare
珍宝特选威士忌

品名中的J&B是"杰斯特里尼&布鲁克斯"（Justerini & Brooks）公司的简写，公司同时也是老牌酒商，店铺开在伦敦的巴尔默街。该品牌于1933年面世，目标是占领废除禁酒令之后的美国市场。第二次世界大战之后，该品牌在全球人气看涨。洛坎多、奥斯鲁鲁克都是其基底麦芽威士忌。

香型：清淡清冽，但味略涩，麦芽的甘甜，辛辣芳香。
味型：浓度浅，清冽柔和，柑橘类水果、麦，余韵较短。

参数：
容量700毫升，酒精度40°，市价
详情可咨询：麒麟啤酒

Johnnie Walker Blue Label
尊尼获加蓝方威士忌

此酒号称是全世界饮用最多的威士忌，年销量约1700万箱（每箱12瓶），分为红方、黑方、金方、绿方、蓝方5种。蒸馏厂建于1820年，而尊尼获加这一品牌之则诞生于1870年代。画在商标上的那个手拄文明杖，阔步前行的绅士形象深入人心。

参数：
容量750毫升，酒精度40°，售价18900日元
详情可咨询：MHD酩悦轩尼诗帝亚吉欧公司

参数：
红方/黑方/金方/绿方/英皇乔治五世威士忌
※红方/黑方威士忌 麒麟啤酒在售

爱尔兰威士忌

[第4节]
爱尔兰威士忌

爱尔兰威士忌的基础知识

爱尔兰威士忌号称是历史上最古老的威士忌。
目前仍在营运的4家蒸馏厂各有特点。

传统酿法成就爱尔兰威士忌
上佳口感造就人气口碑

北爱尔兰及爱尔兰共和国，都属于英国这个联合王国的一部分。而在这两个国家及地区酿造的威士忌，则统称为爱尔兰威士忌。

曾几何时，分布在爱尔兰土地上的蒸馏厂达数百个，数量甚至超过了苏格兰。然而在经过第一次、第二次世界大战，爱尔兰独立战争，美国禁酒令的影响之后，爱尔兰的蒸馏厂便相继关闭了。

今天，新米德尔顿蒸馏厂、布什米尔蒸馏厂、库力蒸馏厂，外加2007年重新开业的基尔伯根蒸馏厂，总共有4家蒸馏厂仍在爱尔兰的土地上酿造威士忌。在体型庞大的壶式蒸馏器中经过三次蒸馏的纯壶式蒸馏威士忌曾经名噪一时，但如今却只有新米德尔顿蒸馏厂仍在使用此法。爱尔兰威士忌比苏格兰威士忌的口味清淡，在世界上为不少人所喜爱。

爱尔兰威士忌的发展史

12世纪的人们已经在饮用用谷物酿成的蒸馏酒，从这点上说，爱尔兰威士忌的历史堪称悠久。

威士忌蒸馏在爱尔兰得到普及，已是16世纪之后，16世纪后半叶至17世纪这段时间，原本被修道院所垄断的威士忌蒸馏技术流传到民间，人们推测，正是从那时起，农民才开始酿造威士忌。其间，布鲁斯那蒸馏厂、布什米尔蒸馏厂等商业酒厂应运而生，1780年，"弓街蒸馏厂"在都柏林成立。自此之后，都柏林便相继出现了不少大规模的蒸馏厂，都柏林威士忌鼎盛之时的气象，直追利物浦、伦敦等大城市。

爱尔兰威士忌虽然历史悠久，但现代爱尔兰威士忌特点的形成，却是不久之前的事。距今150年前，由于政府对麦芽征收高额税金，人们被迫减少麦芽用量，使用大麦来酿制威士忌。

这一忍痛割爱的做法，却意外地赋予爱尔兰威士忌芬芳馥郁的大麦香气，造就出独特的个性。近年来，将各种谷物混合在一起蒸馏出谷物威士忌，并利用其进行各种新的尝试。爱尔兰威士忌的品类正在进行着多种多样的变化。

[第4节]

Ireland
爱尔兰

❶
库力蒸馏厂
建于1987年,在爱尔兰威士忌蒸馏厂中是最年轻的,这是一家资本独立的小规模蒸馏厂,除了生产自家威士忌之外,还兼做独立装瓶商。

❷
新米德尔顿蒸馏厂
建于1825年,拥有世界上最大型的壶式蒸馏器。厂中有4尊庞大的壶式蒸馏器,负责酿制纯壶式蒸馏威士忌。

❸
布什米尔蒸馏厂
1608年即获得国王颁发的蒸馏执照,但直到1784年才建厂,是爱尔兰难得一见的麦芽威士忌蒸馏厂。

大西洋 / 北爱尔兰 / 贝尔法斯特 / 基尔伯根（洛克斯）蒸馏 / 戈尔韦 / 塔拉莫尔 / 爱尔兰群岛 / 香农 / 都柏林 / 爱尔兰海 / 科克

[爱尔兰威士忌专题] 1

爱尔兰威士忌采用传统的三次蒸馏法

在过去,爱尔兰威士忌与苏格兰威士忌是两套征税方式。因此,爱尔兰人便开始用比大麦芽更便宜的谷物来酿制威士忌。

但是,以黑麦、野燕麦等谷物为原料酿出的酒,风味变得很油腻。为避免这种情况,人们想出了一个对策,提高蒸馏的精度,采取三次蒸馏法,在蒸馏过程中提高酒精的度数。

另外,为了提高产量,人们还启用了体型庞大的壶式蒸馏器。曾在米德尔顿蒸馏厂服务过,容量达144000升的大型壶式蒸馏器,如今正安放在博物馆中向世人展示。

采用三次蒸馏法的是布什米尔与新米德尔顿蒸馏厂。库力蒸馏厂则尝试二次蒸馏法。

爱尔兰威士忌

知更鸟爱尔兰威士忌是20世纪初在尊美醇公司弓街蒸馏厂酿造的产品。

[爱尔兰威士忌专题] 2

关于纯壶式蒸馏威士忌

纯壶式蒸馏威士忌是指原本的传统的爱尔兰威士忌。选择谷物（除大麦外）为原料，再利用大麦芽进行糖化，之后在体型庞大的壶式蒸馏器中进行三次蒸馏。称谓中的"纯"代表其与苏格兰的调和型威士忌相抗衡的立场，表明他们是100%使用壶式蒸馏器在酿制威士忌。

现在新米德尔顿蒸馏厂酿造的知更鸟，正属于纯壶式蒸馏威士忌，在市面上都可买到。

米德尔顿蒸馏厂出品的知更鸟12年爱尔兰威士忌、知更鸟是一种从脸到胸部都呈红橙色的鸟。

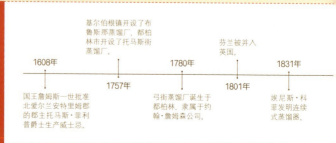

爱尔兰威士忌年表

1608年	1757年	1780年	1801年	1831年
国王詹姆斯一世批准北爱尔兰安特里姆郡的郡主托马斯·菲利普爵士生产威士忌。	弓街蒸馏厂诞生于都柏林，隶属于约翰·詹姆森公司。	基尔伯根镇开设了布鲁斯那蒸馏厂，都柏林市开设了托马斯街蒸馏厂。	芬兰被并入英国。	埃尼斯·科菲发明连续式蒸馏器。

[第4节]

发明连续式蒸馏器的爱尔兰人

爱尔兰人埃尼斯·科菲在任职都柏林海关税务官期间，为爱尔兰威士忌产业的发展而研究发明了改良型的连续式蒸馏器。虽然科菲为连续式蒸馏器的研发投入了大量的精力，但爱尔兰，尤其是都柏林的厂商对他的蒸馏器却嗤之以鼻，因此，他的蒸馏器在爱尔兰国内找不到销路，而爱丁堡及大城市近郊位处低地的蒸馏厂商却引进了连续式蒸馏器，开始用它生产谷物威士忌，这出墙内开花墙外香的戏码，使得苏格兰威士忌一举超越了爱尔兰威士忌，而这背后的"推手"正是爱尔兰人科菲。

[爱尔兰威士忌专题] **3**

关于"威士忌"英文的拼写

威士忌在英文里有两种拼写，即"Whisky"或"Whiskey"。苏格兰威士忌全部使用前者，而爱尔兰威士忌及美国威士忌则大多使用后者。那么，两种拼法的意义何在呢？这就必须追溯到发生在19世纪后半叶，苏格兰威士忌与爱尔兰威士忌的霸权之争了。当时，"都柏林四巨头"团结起来，与苏格兰威士忌厂商DLC展开对抗，在宣传活动中提出，"爱尔兰威士忌誓与苏格兰威士忌划清界限，从此以后，我们要使用'Whiskey'来宣告我们威士忌的爱尔兰血统。"

关于都柏林四巨头

1780年，在都柏林立菲河左岸的弓街上，建起了"弓街蒸馏厂"。此后相继出现了等规模的大型蒸馏厂——1791年建成"约翰巷路蒸馏厂"，1799年建成"玛路彭路蒸馏厂"，这3家蒸馏厂与1757年建成的"托马斯街蒸馏厂"合称"都柏林四巨头"。
从当时都柏林威士忌生产情况的记载中可以看到，仅尊美醇一家的年产量就超过450万升，而当时的苏格兰麦芽威士忌蒸馏厂，平均年产量是数万至数十万升。如此推算，集数十家苏格兰威士忌蒸馏厂的年产量，也不及都柏林的蒸馏厂。然而，爱尔兰威士忌因受爱尔兰独立运动的影响，后来便逐渐走向衰落。

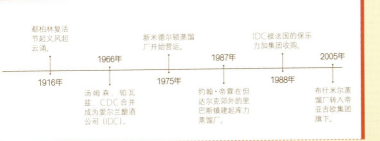

爱尔兰威士忌

Irish Whiskey Collection

爱尔兰威士忌名品录

本节从3家富有个性的爱尔兰威士忌蒸馏厂入手，介绍6款威士忌。

Kilbeggan
基尔伯根爱尔兰威士忌

由库力蒸馏厂用同厂的麦芽原酒与谷物原酒调和而成。基尔伯根是1757年创建的蒸馏厂，在现存的蒸馏厂中历史最为古老，虽已退休成为博物馆，但从2007年起又开始小规模的蒸馏，一直没有离开人们的视野。

香型： 清淡，澄澈，柑橘类水果，柠檬，荔枝，油脂香，谷物油等。

味型： 浓度浅，甘甜华美，平顺，辣，柑橘味啤酒，略带油脂香。

参数：
容量700毫升，酒精度40°，售价2730日元
详情可咨询：明治屋

Connemara Cask Stength
康尼马拉桶强爱尔兰麦芽威士忌

出品此酒的库力蒸馏厂，1987年才在北爱尔兰国境线附近劳斯郡的里巴斯镇建成，其规模却在爱尔兰位居第三。实际生产是从1989年开始，与苏格兰威士忌一样，也是使用大麦芽经过二次蒸馏而成，是爱尔兰威士忌时代的开辟者。

香型： 重且略带烟熏味的泥煤香，烤面包，蜂蜜，甘甜。

味型： 泥煤味，辣，浓度中等，蜂蜜般的甘甜令人持久愉悦。

参数：
容量700毫升，酒精度60°，售价6510日元
详情可咨询：明治屋

品牌系列：
康尼马拉麦芽威士忌/12年爱尔兰麦芽威士忌

Bushmills
布什米尔爱尔兰威士忌

蒸馏厂位于英属北爱尔兰的安特里姆郡，始建于1608年，号称世界上最古老的蒸馏厂。使用爱尔兰威士忌传统的三次蒸馏法，但由于调和的麦芽威士忌，其原料只选用大麦芽。1885年，蒸馏厂遭遇过一次火灾之后，将厂房改换成了苏格兰风格。出品的麦芽威士忌有10年、16年两种。布什米尔爱尔兰威士忌是加入了谷物威士忌的调和型威士忌。

香型： 口味清淡顺滑，甘甜，略像谷物威士忌，油脂香，饼干。

味型： 浓度浅，油脂香，爽利，慢慢散发甘甜，巧克力味。

参数：
容量700毫升，酒精度40°，市价
详情可咨询：麒麟啤酒

Tullamore Dew 12 years
塔拉莫尔露12年特醇爱尔兰威士忌

蒸馏厂位处爱尔兰中部的塔拉莫尔镇，于1829年创建，丹尼尔·E·威廉姆斯经营蒸馏厂期间，使用自己名字的首字母为此威士忌命名为"Dew"，这个词也有"露水"之意，其销量次于尊美醇，位居第二，现在新米德尔顿酿制。

香型： 谷物的甘甜与柑橘类水果，清澈且清淡，热带水果。

味型： 甘甜且带水果味，油脂香。顺滑，口感浅，爱尔兰威士忌特性突出。

参数：
容量700毫升，酒精度40°，售价3570日元
详情可咨询：三得利

品牌系列：
塔拉莫尔露爱尔兰威士忌

Tyrconnell
蒂尔康奈单一麦芽爱尔兰威士忌

同样是出自库力蒸馏厂的单一麦芽威士忌，不同于康尼马拉使用苏格兰产的泥煤麦芽，蒂尔康奈使用爱尔兰产的无泥煤干燥麦芽为原料，原为北爱尔兰的阿比蒸馏厂的品牌名，被库力蒸馏厂收购之后重新启用，"蒂尔康奈"是传说中赛马的名字。

香型： 清淡，麦芽的甘甜，洋梨与薄荷的香气。

味型： 清淡，浓度浅，麦芽，洋梨味糖果，口感协调令人愉悦。

参数：
容量700毫升，酒精度40°，售价3780日元
详情可咨询：明知屋

Jameson
尊美醇爱尔兰威士忌

由苏格兰出身的约翰·詹姆森于1780年在都柏林创建，19世纪被选为"都柏林四巨头"之一，因受两次世界大战及爱尔兰独立战争波及而走向衰落，现在科克郡的新米德尔顿蒸馏厂酿制，原料中有部分是未发芽的大麦，该品牌执着地坚守传统酿造工艺。

香型： 清淡，清澈，荔枝、姜的芬芳令人愉悦，油脂香。

味型： 清淡，顺滑，香草，药草，柑橘类水果，口感十分协调。

参数：
容量700毫升，酒精度40°，售价2000日元
详情可咨询：保乐力加集团

品牌系列：
12年/18年爱尔兰威士忌

[第4节]

[第5节]

Japanese

日本威士忌的基础知识

三得利的鸟井信治郎与日果的竹鹤政孝,人称日本威士忌之父,
推动了日本威士忌产业的发展。

日本威士忌与苏格兰威士忌
有诸多相似之处,
近年来越来越受世人关注。

麦芽威士忌与调和型威士忌是日本威士忌的两大主流。调和型威士忌是基于麦芽威士忌风味的核心来进行品质设计,因此可以在调和型威士忌中,尝出近似苏格兰威士忌的风味。日本威士忌对泥煤香味严加控制,其中有一些是不带泥煤香味的。日本威士忌酒质舒展,即便加水饮用,也不会折损其风味。

日本的威士忌蒸馏厂,每一家都独立酿造品种多样的原酒,并且全套工序都在厂内完成。因此,每个蒸馏厂都拥有各种原酒,能够酿制出丰富多彩的威士忌。近年来,在世界各大威士忌大赛中,日本威士忌都是获奖宝座上的常客,也因此受到全世界的瞩目。

日本威士忌的发展史

在日本,最早开始制造真正的威士忌的,是三得利株式会社的前身,也是洋酒制造商寿屋的鸟井信治郎。他于1923年秋天,在大阪府山崎建成了日本第一个威士忌蒸馏厂,而担纲厂长一职的,则是日本威士忌的创始人竹鹤政孝。1929年,推出了首个日本威士忌品牌"三得利白礼"。

此后开始制造威士忌的,是东京酿造株式会社,神奈川县藤泽工厂生产的"托米(TOMMY)威士忌"于1937年上市,1955年黯然退出人们的视野。

第三个开始酿造威士忌的是今天日果的前身——大日本果汁株式会社,当时企业从事苹果汁的制造和销售,1934年在北海道的余市建厂,1940年,"日果角瓶威士忌"问世。

第二次世界大战之后起家的威士忌厂商,包括1945年的东洋酿造(今天的旭化成)、1974年开始销售的麒麟·施格兰 ※(今天的麒麟酒厂)。

译注:麒麟·施格兰,1972年8月由麒麟啤酒(日本)、施格兰(美国)、芝华士(英国)三家公司合并开设。

178

Japan
日本

❶ 日果威士忌余市蒸馏厂
至今仍在使用泥煤直火蒸馏技术，以日本水楢打造的酒桶进行酿熟。

❷ 日果威士忌宫城峡蒸馏厂
这是日果旗下第二家蒸馏厂，酿酒选用取自竹鹤政孝钟情的新川河的伏流水。

❸ 麦香（Mercian）轻井泽蒸馏厂
日本最早使用苏格兰产麦芽的蒸馏厂，今天仍在生产。

❹ 三得利白州蒸馏厂
位于甲斐驹之岳山脚，采自花岗岩层的优质天然软水，是酿制美味威士忌的决定性因素。

❺ 麒麟富士御殿场蒸馏厂
最早由麒麟啤酒、施格兰、芝华士三家公司合并开设。

❻ 三得利山崎蒸馏厂
1923年建厂，是日本首家真正的威士忌蒸馏厂，选用天王山脉的泉水。

❼ 冒险威士忌秩父蒸馏厂
以伊知郎麦芽威士忌著称的蒸馏厂，建于2004年，一直为威士忌爱好者所瞩目。

日本威士忌蒸馏厂
❶ 札幌
❷
❸
近江酿熟仓库
❹ 本坊酒造 (MARS)
❻
❺ 东京
大阪
名古屋
三得利知多谷物威士忌

[日本威士忌专题] 1

试试"地方威士忌"吧

苏格兰近年来相继出现了一些"小型蒸馏厂"（micro distillerie），生产地方威士忌。

而在日本，冒险威士忌秩父蒸馏厂于2008年3月开始营运，酿酒原料大麦芽都从苏格兰等国家进口，未来则计划采用埼玉县生产的大麦、饭能出产的泥煤，自主制造大麦芽。该厂的原材料采购量极小，每次仅采购400千克左右。但该厂酿造的这种地方威士忌，无论在日本还是在国际上，其实力都不容小觑。

伊知郎麦芽威士忌
此款酒冠以品牌初始人肥土伊知郎的名字，浓度中等，清淡，带有新酒桶的香味。

驹之岳
鹿儿岛烧酒厂商本坊酒造出品的单桶威士忌，该厂已于1992年3月停止营运。

明石
此款日本江井之岛酒造酿制的威士忌，酒中散发桉树及亚麻籽油的香气。

日本威士忌

[日本威士忌专题] 2

"水楢"新桶知多少

与世界五大威士忌一样，日本威士忌对酿熟年份并无法律规定。因此，即便不经过酿熟工序，在税法上仍可能被归类为威士忌。

但是，缺少酿熟工序所酿造出的威士忌，则很难成就美味。日本威士忌区别于其他国家的一点，是使用远东亚原产，俗称"日本水楢"的水楢原材料制造的酒桶来酿熟威士忌。水楢酒桶富有白檀木、香木的芬芳与风味。

冒险威士忌旗下的秩父蒸馏厂使用水楢酒桶进行发酵，采用的水楢产自北海道。

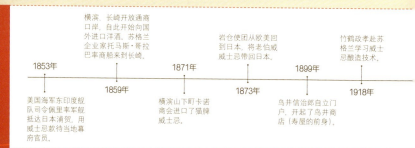

日本威士忌年表

- **1853年** 美国海军东印度舰队司令佩里率军舰抵达日本浦贺，用威士忌款待当地幕府官员。
- **1859年** 横滨、长崎开放通商口岸，自此开始向国外进口洋酒，苏格兰企业家托马斯·哥拉巴率商船来到长崎。
- **1871年** 横滨山下町卡诺商会进口了猫牌威士忌。
- **1873年** 岩仓使团从欧美回到日本，将老伯威士忌带回日本。
- **1899年** 鸟井信治郎自立门户，开起了鸟井商店（寿屋的前身）。
- **1918年** 竹鹤政孝赴苏格兰学习威士忌酿造技术。

[第5节]

日果威士忌 余市蒸馏厂 北海道余市町黑川町7-6 ☎0135-23-3131	日果威士忌 宫城峡蒸馏厂 宫城县仙台市青叶区日果 1番地 ☎022-395-2865	麦香轻井泽 蒸馏厂 长野县北佐久群御代田町 大字马濑口1795-2 ☎0267-32-2006
江井之岛酒造 兵库县明石市大久保町西 岛919 ☎078-946-1001	秩父蒸馏厂 玉县秩父市绿丘49 ☎0494-62-4601	三得利 山崎蒸馏厂 大阪市三岛郡岛本町山崎 5-2-1 ☎075-962-1423
三得利白州蒸馏厂 山梨县北斗市白州町鸟原 2913-1 ☎0551-35-2211	麒麟富士御殿场 蒸馏厂 静冈县御殿场市柴怒田 970番地 ☎0550-89-3131	玛斯威士忌 信州工厂 长野县上伊那郡宫田村 4752-31 ☎0265-85-4633

[日本威士忌专题] 3

参观蒸馏厂去！

进入蒸馏厂内部参观威士忌酿造工序，边感受当地风土边啜饮威士忌，想必能够进一步理解威士忌的真谛吧。日本的许多蒸馏厂是对外开放给游客参观的，其中大多数蒸馏厂会事先定好参观日程表，以供游客选择参观时间。

近年来，在蒸馏厂内设专科学校或学院，供给学员体验威士忌酿造过程的风潮正在逐渐兴起。他们将参观日程表或蒸馏厂的相关信息公布在官网上，可供查询。

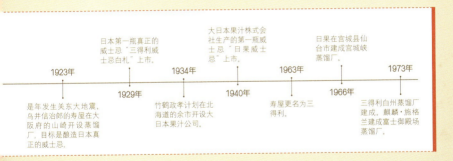

日本威士忌

Japanese Whisky Collection

日本威士忌名品录

本节介绍9款带有苏格兰威士忌血统的日本威士忌。

The Hakusyu 12 years
白州12年单一麦芽威士忌

山崎蒸馏厂建厂50年之后,三得利的第二家蒸馏厂——白州蒸馏厂建成。厂址位于山梨县北杜市白州町,南阿尔卑斯山,甲斐驹之岳山脚下广阔的森林之中,酿造出的麦芽威士忌口味清爽,令人想起茂密繁盛的森林。酒中略带泥煤香味,风味却又不同于山崎威士忌。

香型: 新鲜花香、高级水果、柠檬、略带烟熏味。
味型: 甘甜、酸味与辣味口味和谐、清澈、醇厚、口感顺滑。
参数:
容量700毫升,酒精度43°,
售价7350日元
详情可咨询:三得利
品牌系列:
白州10年/18年/25年单一麦芽威士忌

The Yamazaki 12 years
山崎12年单一麦芽威士忌

1923年建厂的山崎蒸馏厂位于与京都交界的大阪府三岛郡的山崎,是日本第一家真正威士忌蒸馏厂。自诞生以来,便引领着日本威士忌向前发展。取自令茶道鼻祖千利休倾慕的名水——"离宫之水"酿造的山崎威士忌,以其高雅、复杂的香味,令全世界的麦芽威士忌达人心向往之。

香型: 高雅甘甜、复杂、酿熟香味和谐、水果香。似甜瓜。
味型: 顺滑、醇厚、复杂、酒桶酿熟香味令人心旷神怡、甜/辣/酸味十分调和。
参数:
容量700毫升,酒精度43°,售价7350日元
详情可咨询:三得利
品牌系列:
山崎10年/18年/25年单一麦芽威士忌等

Ichiro's Malt 15 years
伊知郎15年麦芽威士忌

2004年羽生蒸馏厂关闭时,留下了极其珍贵的麦芽原酒,该蒸馏厂创始人的孙子肥土伊知郎将这些原酒装瓶,以伊知郎麦芽威士忌的品牌推向市场,随即在国内外都获得了很高的评价。肥土伊知郎于2008年在埼玉县秩父市创建秩父蒸馏厂,这也是日本最早的微型威士忌蒸馏厂,因此也备受业界瞩目。

香型: 水果香、华丽、略辛辣、木质香气、熟透的苹果、杏。
味型: 单宁、甘甜似枫糖浆、辛辣、复杂、余韵持久稳定。
参数:
容量700毫升,酒精度46°,售价8000日元
详情可咨询:冒险威士忌
品牌系列:
伊知郎20年/金叶威士忌/双桶陈酿威士忌

Hibiki 17 Years
响17年调和型威士忌

此款威士忌于三得利创业90周年之际面世。在山崎、白州两地的蒸馏厂生产,在储藏仓库中陈酿超过17年,调和了30种麦芽原酒,方能得到这样一瓶好酒,曾在世界威士忌名酒荟萃一堂的国际烈酒挑战赛中获得金奖,这也是日本调和型威士忌的巅峰之作。

香型: 甘甜、华丽、熟透的果实、新鲜药草、黄油酥饼。
味型: 醇厚圆润、经久陈酿所带出的丰满味道、口感和谐、余韵丰富。
参数:
容量700毫升,酒精度43°,售价10500日元
详情可咨询:三得利
品牌系列:
响12年/21年/30年调和型威士忌

Fujisanroku Tarujuku 50°
富士山麓 樽熟50度麦芽威士忌

此款酒使用了富士御殿场蒸馏厂所生产的麦芽威士忌、调和谷物威士忌为基底酒，是一款珍贵的单一调和型威士忌，小酒桶酿熟，酒精度50°原酒装瓶，这些都是麒麟威士忌一以贯之的品质要求。此款香草般甘甜芬芳的威士忌，不仅品质上乘，性价比也颇高。

香型： 木质香气，沉稳，似香草，白色花朵香味，加水后散发麦芽、黄油焦糖香味。
味型： 口感和谐，顺畅，热可可，余韵中略带甘甜，令人愉悦。

参数：
容量600毫升，酒精度50°，市价
详情可咨询：麒麟啤酒

Fujisanroku 18 years
富士山麓18年
麦芽威士忌

麒麟富士御殿场蒸馏厂建于静冈县御殿场市，遥望富士山。富士山雪融水渗入地下，形成优质的地下水，作为世界上为数不多的复合蒸馏厂，既可酿造麦芽威士忌，亦可生产调和型威士忌。此款威士忌酒味澄澈，甘甜。

香型： 酿熟的甜香，新鲜的苹果、洋李。
味型： 果味，略感青涩。

参数：
容量700毫升，酒精度43°，市价
详情可咨询：麒麟啤酒

Taketsuru 12 years
竹鹤12年纯麦威士忌

此款纯麦威士忌以日果威士忌创始人竹鹤政孝的名字冠名，纯麦威士忌由多个蒸馏厂的麦芽威士忌混合而成。此款威士忌所用的麦芽原酒，来自余市与宫城峡蒸馏厂，酿熟超过12年，是一款入口顺喉，芬芳馥郁的威士忌。

香型： 似大麦、香蕉、苹果、香草、略带泥煤味。
味型： 麦芽与果实口味调和、辣、柑橘、馥郁顺滑。

参数：
容量660毫升，酒精度40°，市价
详情可咨询：朝日啤酒

品牌系列：
竹鹤17年/21年纯麦威士忌

Yoichi 12 years
余市12年
单一麦芽威士忌

蒸馏厂位于北海道余市町，前往威士忌之乡苏格兰学习威士忌酿造技术的竹鹤政孝最早发现了这块威士忌酿造宝地。日本北部的自然环境，世界唯一的煤炭直火蒸馏，都是成就这款口味道强劲的威士忌的重要元素。口味厚重，香气丰富的单一麦芽威士忌"余市"，在世界范围内也是评价很高的一款。

香型： 泥煤、烟熏味，似海边湿地的气息，奶油，果木香。
味型： 泥煤味，富有层次感，甘甜顺滑，似威士雹，余韵悠长，令人愉悦。

参数：
容量700毫升，酒精度45°，市价
详情可咨询：朝日啤酒

品牌系列：
余市10年/15年/20年单一麦芽威士忌

Miyagikyo 12 years
宫城峡12年
单一麦芽威士忌

生产此酒的仙台·宫城峡蒸馏厂，是日果威士忌的第二家蒸馏厂，目标是酿造出个性不同于余市其他品牌的麦芽威士忌，蒸馏厂环抱在绿意盎然的森林之中，至今仍在使用科菲式蒸馏器。这在世界范围内都已不多见。如果将余市比作力道强劲的高地威士忌的话，那么宫城峡就是香味丰富的斯佩塞威士忌。

香型： 甘甜，水果香，高原产地特有的清爽，山林特有的水果味，野木瓜，略带泥煤味。
味型： 甘甜，水果味，柔和顺滑，酸味与甜味十分调和，香味醇厚。

参数：
容量700毫升，酒精度45°，市价
详情可咨询：朝日啤酒

品牌系列：
宫城峡10年/15年单一麦芽威士忌

美国威士忌的基础知识

禁酒令在美国的威士忌发展史上产生了非常大的影响。
但美国威士忌也正是在私造酒的历史中不断演变至今。

波本威士忌以玉米为主原料

美国威士忌其实是以美国为产地的威士忌的总称，主要包括纯波本威士忌、纯黑麦威士忌、玉米威士忌、调和型威士忌等，其中最受欢迎的是波本威士忌。

在1948年制定的联邦酒精法中，对威士忌做出如下定义：以谷物为原料，蒸馏后酒精浓度在95°以下，经橡木桶酿熟，酒精浓度达40°以上的瓶装酒。对波本威士忌的定义为：谷物原料中玉米占51%以上，蒸馏后酒精浓度在80°以下，酿熟的瓶装酒必须选用内侧焦黑的新白橡木酒桶。在此条件下酿熟超过2年的，方为纯波本威士忌。其产量占据整体产量的近一半。

美国威士忌的发展史

18世纪，来自苏格兰和爱尔兰的移民进入美国，开始了美国威士忌的酿造。这些移民在他们自己的国家使用大麦来制造麦芽威士忌，但来到美国之后，他们则使用更方便取得的黑麦和玉米来酿造。

1776年，美国以独立宣言的发布，拉开了独立战争的帷幕，但美国依然背负着这场战争所带来的巨额外债，独立政府因此而陷于财政危机。为摆脱危机，政府便决定对威士忌课以重税，这一政策遭到农民的激烈反抗，导致长达94年的威士忌大叛乱。交不起重税的农民纷纷逃往当时还不属于美国的肯塔基州。肯塔基州玉米产量丰富，还有酿制波本威士忌必需的"石灰水"。

一开始，肯塔基州也向威士忌制造商征收各种税金，1783年在路易斯维尔，来自威尔士的移民爱威廉斯所酿的威士忌，可说是波本威士忌的开山之作。

但是，像今天这样用玉米为原料来酿制威士忌，却是从1789年苏格兰移民爱利加开始。

在肯塔基州，他被人们誉为"波本威士忌鼻祖"。但无论是哪个版本的演绎，传递出的共同信息都是，肯塔基州早期的移民都来自爱尔兰或苏格兰这些凯尔特民族。

[第6节]

America
美国

美国威士忌的主要种类

美利坚合众国
肯塔基州
占边蒸馏厂
四玫瑰蒸馏厂
活福波本威士忌蒸馏厂
威凤凰蒸馏厂
美格蒸馏厂
杰克·丹尼蒸馏厂
田纳西州

❶ 波本威士忌
玉米原料超过51%，蒸馏后酒精度在80°以下，放入内侧焦黑的橡木酒桶中酿熟2年以上。

❷ 黑麦威士忌
原料中51%以上为黑麦（裸麦），蒸馏后酒精度在80°以下，放入内侧焦黑的白橡木酒桶中酿熟2年以上。

❸ 玉米威士忌
原料中80%以上为玉米，蒸馏后酒精度在80°以下。

❹ 调和型威士忌
基底酒中20%以上为波本、黑麦等的纯威士忌，以威士忌及烈酒调和而成。

[美国威士忌专题] 1

波本威士忌名称的由来

进入19世纪之后，越来越多的移民涌入肯塔基州、田纳西州，推动着西部拓荒的进程。肯塔基州生产的威士忌装桶沿着俄亥俄河往下走，再沿着密西西比河南下，到达路易斯安那和新奥尔良港。

可这种威士忌为什么叫作"波本威士忌"呢？原因之一自然是它产自波本郡，但更重要的是因为运输途径的俄亥俄河沿岸的海港都在波本郡辖内，酒桶上盖有波本郡的出货章。如此一来，出产自肯塔基州的威士忌，却被叫作了波本威士忌。

内侧焦黑的橡木新桶被称为"烧烤桶"（charring），酿熟而出的波本威士忌带有独特的强劲力道和香气。

威凤凰波本威士忌传奇的命名

威凤凰的蒸馏厂建在劳伦斯堡的凤凰山，原所有者是瑞普家族，直到1970年被奥斯丁丁尼克公司收购之后，才以威凤凰蒸馏厂之名为人所知。奥斯丁丁尼克公司创始人托马斯·麦卡锡每年都要去山上打火鸡，有一次他带着自己命名的波本威士忌原酒"威凤凰（Wild Turkey）"去打猎，朋友们非常喜欢这款酒的味道，这一次偶然，却成就了一款波本威士忌的名称。

185

美国威士忌

[美国威士忌专题] 2

美国的禁酒令

美国受到基督教的影响，禁酒观念一直根深蒂固。19世纪中叶，禁酒运动便甚嚣尘上。

1914年第一次世界大战开始时，美国对谷物原料酿酒限制越来越多。1919年，美国议会通过了禁酒令。

禁酒令规定，凡在合众国境内，酒类饮料的制造、售卖或转运，均应禁止。其输出或输入于合众国及其管辖的领地，亦应禁止。但该法令对饮酒却并未禁止。在法令正式施行之前有1年的缓冲期，在此期间，有钱人便设法储备了大量的酒。

利用禁酒令大发横财的人中，有一个是意大利黑手党人阿尔·卡彭。禁酒令之前，他以经营色情业和非法药物为生，施行禁酒之后，则依靠酒类非法运输和贩卖，聚敛起巨额财富。

对饮酒行为不做任何处罚的禁酒令，让社会上的暴力团伙大发不义之财，对于那些人而言，所谓禁酒令简直形同虚设。

禁酒令时代以供应酒类而著名的21俱乐部*中曾有过的三得利角瓶威士忌（照片为现在的产品）。
＊21俱乐部是禁酒令时代开设的餐馆，实为地下酒馆。

1周10万杯

若论起美国肯塔基州叫得响的赛事，当属5月份第一个星期六开赛的"肯塔基州德比赛马会"，已拥有超过130年的历史，是全美三大体育赛事之一。从赛马会开赛前一周开始，便启动各种各样的庆祝活动。活动期间，所有酒吧中的主角，都是在装满碎冰块的酒杯中注入波本威士忌，再加一片薄荷叶及糖浆做成的薄荷朱利酒，作为肯塔基州德比赛马会官方指定饮料，在活动期间的消费量竟可多达10万杯。

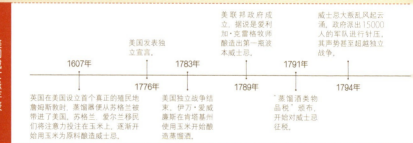

美国威士忌年表

1607年　英国在美国设立首个真正的殖民地詹姆斯敦时，蒸馏器便从苏格兰被带进了美国，苏格兰、爱尔兰移民们将注意力投注在玉米上，逐渐开始用玉米为原料酿造威士忌。

1776年　美国发表独立宣言。

1783年　美国独立战争结束，伊万·爱威廉斯在肯塔基州使用玉米开始酿造蒸馏酒。

1789年　美联邦政府成立，据说是爱利加·克雷格牧师酿造出第一瓶波本威士忌。

1791年　"蒸馏酒类物品税"颁布，开始对威士忌征税。

1794年　威士忌大叛乱风起云涌，政府派出15000人的军队进行镇压，其声势甚至超越独立战争。

[美国威士忌专题] 3 [第6节]

田纳西威士忌与波本威士忌

肯塔基州南部的田纳西生产的威士忌,称为田纳西威士忌。其酿制条件与波本威士忌相同,唯一的不同在于,田纳西威士忌会将刚蒸馏出的原酒经过糖枫木炭过滤,去除粗涩杂质后再装瓶,此法称为木炭醇化。肯塔基州和其他州则都不使用木炭醇化法。

所谓"天使所享"的量究竟是多少?

威士忌酿熟期间蒸发到空气中的那部分酒,人称"天使所享"。古代人认为,正因为有这部分的酒分享给天使,人们才能得到美味的威士忌。
以苏格兰威士忌而言,在高海拔地区(如斯佩塞),天使所享的比例每年应在2%～3%左右。艾莱岛地区由于蒸馏厂是沿海而建,一年到头水汽丰沛,白天的气温基本稳定,因此天使所享的比例非常低,每年只有1%。
在世界五大威士忌中,波本威士忌的天使之享比例最高,第一年便达到10%～18%,第二年也会达到4%～5%。以此推算,容量180升的大酒桶中盛装的波本威士忌,如果存放15～16年,其中的酒液就挥发殆尽了。
看来,守护波本威士忌的天使酒量真不小啊。

田纳西威士忌经过糖枫木炭过滤后装瓶,因此酒中便带上了独特的香味和风味。

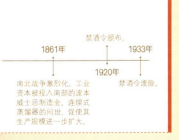

1861年 南北战争激烈化,工业资本被投入南部的波本威士忌制造业,连续式蒸馏器的问世,促使其生产规模进一步扩大。
1920年 禁酒令颁布。
1933年 禁酒令废除。

田纳西威士忌
杰克·丹尼威士忌是其中的代表作,酒中散发木炭醇化后的柔和清香。

波本威士忌
四玫瑰威士忌是肯塔基州酿造的纯麦波本威士忌。

American Whisky Collection

美国威士忌名品录

美国威士忌以玉米为主原料酿造。
本节介绍的19款美国威士忌中，既有广为人知的名品，也有小型蒸馏厂的作品。

Jack Daniel's
杰克·丹尼威士忌

这是与肯塔基州波本威士忌泾渭分明的田纳西威士忌中的代表作品，二者的原料和蒸馏方法虽然相同，但田纳西威士忌蒸馏后的新酒立即经过糖枫木炭过滤，口味更加甘甜柔和。其蒸馏厂于1866年在田纳西州的林奇堡建成。

香型：柑橘、枫糖浆、药草、水果干、味辣
味型：甘甜顺滑、橙味啤酒、葡萄干

参数：
容量700毫升，酒精度40°，售价2520日元
详情可咨询：三得利

品牌系列：
杰克·丹尼单桶威士忌／杰克丹尼绅士威士忌

Wild Turkey 8 years
威凤凰8年波本威士忌

此酒的品名来自野性的火鸡，最初是奥斯丁·尼克斯家族在禁酒令废止后投入市场的。蒸馏厂位于肯塔基州的劳伦斯堡，现在属于意大利金巴利公司。品牌只有威凤凰一种，但也分标准、8年、12年、珍藏波本威士忌等系列。

香型：丰满复杂、香草、糕点奶油、洋梨、香料、鞣革
味型：强劲复杂、口感非常协调、香草、橡木、黑糖

参数：
容量700毫升，酒精度50.5°，售价3150日元
详情可咨询：日本保乐力加集团

品牌系列：
标准／12年／珍藏波本威士忌

I.W.HARPER
I.W.哈帕波本威士忌

品名中的"I.W."指该品牌创始人德国移民艾萨克·沃尔夫·伯恩海姆，而"哈帕"则来自他的好友F.哈帕。位于路易斯维尔的蒸馏厂，在20世纪80年代由帝亚吉欧的前身改造成为现代蒸馏厂，现在蒸馏厂为爱汶山公司所有。

香型：清爽柔和、谷物的甘甜、香草、清淡、清澈
味型：浓度浅、清澈、味辣、口感柔和

参数：
容量700毫升，酒精度40°，售价2950日元
详情可咨询：MHD酩悦轩尼诗帝亚吉欧公司

品牌系列：
12年波本威士忌

[第6节]

Woodford Reserve
沃福珍藏波本威士忌

蒸馏厂位于纯种马产地肯塔基州的沃福郡,在波本威士忌中,是唯一利用壶式蒸馏器进行三次蒸馏的一款,现属于百富门公司所有,坚持手工少量生产,酒中还调和有同公司生产的老林头波本威士忌。

香型: 馥郁丰满,熟透的苹果、黑莓、香草、橡木香料。
味型: 甘甜柔和、浓度高、白色果实、烤栗子、复杂、香味。

参数:
容量50毫升、酒精度45.2°、售价5670日元
详情可咨询:三得利

Early Times Yellow label
时代黄标波本威士忌

这是扎根路易斯维尔的百富门公司的主打产品之一,在日本有很高的人气。品名中的"时代"意指美国西部拓荒时期,瓶身上怀旧的商标也是吸引人购买的元素之一。原料中玉米占了79%,因此酒质馥郁甘甜,入口顺滑。当然,也有棕色标的酒,这个是限于日本发售的一款。

香型: 甘甜新鲜、青苹果、枫糖浆、香草冰淇淋等。
味型: 浓度中等、顺滑馥郁、可可、丹宁等,后味有黑巧克力味。

参数:
容量700毫升、酒精度40°、售价1617日元
详情可咨询:三得利

品牌系列:
时代棕色标波本威士忌

Noah's Mill
诺亚米尔波本威士忌

这是肯塔基波本威士忌厂出售的小批量波本威士忌。原在威利特蒸馏厂酿制,但1980年代蒸馏厂关闭,当时厂中的库存品移入向其他公司购入的酒桶中进行精调熟成。业界有识之士对之评价颇高,2005年在旧金山国际酒类大赛中曾获金奖。

香型: 柔和复杂、橡木与森林气息令人心仪、黑麦带来的辣味、焦糖。
味型: 浓度高、口感调和、顺滑复杂热烈、太妃糖。

参数:
容量750毫升、酒精度57.1°、售价10000日元
详情可咨询:伯尼里株式会社

Jim Beam Rye
占边黑麦威士忌

这是由占边公司酿造纯麦威士忌。黑麦在主原料中占51%以上,使用内部焦黑的新桶酿熟超过两年,虽然没有标识年份,但酿熟基本都在6年及以上,浓度较浅,可以在酒中尽情品味黑麦的个性。

香型: 满口香料香、复杂但沉稳、黑麦面包。
味型: 浓度低、口感顺滑、咸味、油脂香、香味丰满似黑麦面包。

参数:
容量700毫升、酒精度40°、市价
详情可咨询:朝日啤酒

美国威士忌

Evan Williams
埃文·威廉姆斯黑标波本威士忌

埃文·威廉姆斯是1783年在肯塔基州路易斯维尔酿造威士忌的人的名字,与爱利加·克雷格并称波本威士忌鼻祖。埃文本人是来自威尔士的移民,此酒的制造商是爱汶山公司,酒中所含的酸醪(谷物混合比例)与爱利加·克雷格相同。

香型: 甘甜,谷物,柑橘,香草,椰子。
味型: 浓度中等,水果味,谷物的清甜,木质,烟熏。

参数:
容量750毫升,酒精度43°,售价1725日元
详情可咨询:百加得(日本)

Old Grand Dad
老大爹86标准酒精度波本威士忌

这是雷蒙德·海登为了向其祖父致敬,在19世纪后半叶开始酿制的威士忌,原料中黑麦比例很高,现在今天克莱尔蒙特的占边工厂内酿制,有6年份的86标准酒精度波本威士忌,以及新酒数114标准酒精度两种。

香型: 甘甜,香味华丽,青苹果,枫糖浆,香草,油脂香。
味型: 浓度中等,味辣且醇厚,柑橘,略带橡木味。

参数:
容量700毫升,酒精度40°,市价
详情可咨询:朝日啤酒

品牌系列:
老大爹114标准酒精度波本威士忌

Four Roses
四玫瑰波本威士忌

始创于1888年,如今其蒸馏厂已被加拿大的施格兰公司收购,并于20世纪40年代后期重建,现在属日本的麒麟啤酒所有。此款威士忌使用两种不同配比的玉米和黑麦,而且还分别使用5种酵母,酿制出10种原酒加以调和。

香型: 新鲜花香,丁香,姜,香草,枫糖浆。
味型: 浓度浅,香甜柔和,柑橘类令人心旷神怡的香味,让人欲罢不能。

参数:
容量700毫升,酒精度40°,市价
详情可咨询:麒麟啤酒

品牌系列:
四玫瑰黑标/单桶/白金波本威士忌

[第6节]

Ezra Brooks
埃兹拉·布鲁克斯

这是波本威士忌业界著名的美德乐家族在1950年投入市场的一款波本威士忌，使用该酒的酿造用水所在的小河作为品名。公司一度陷入停产，直到20世纪90年代后期方才重新开始生产。由于选用了玉米成分较高的酸醪，酒液口感柔和，芬芳醇厚。

香型： 丰富有力，甘甜，枫糖浆。
味型： 甘甜丰富，香草，枫糖浆，后味辣。

参数：
容量750毫升，酒精度45°，售价2200日元
详情可咨询：富士贸易

品牌系列：
老埃兹拉7年/12年波本威士忌

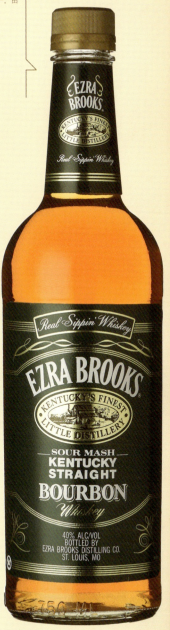

Bulleit Bourbon
布莱特波本威士忌

此酒名来自品牌创始人奥古斯塔斯·布莱特，其后代汤姆·布雷特在1987年重振了家族事业。此酒中黑麦占比较高（28%），特点是味辣，有入口即化之感，小批量生产，使用酿熟6～8年的原酒，无论是商标还是酒瓶外形都很有设计感。

香型： 梅子，柑橘，蜂蜜，花梨糖，略酸，爽口，香草。
味型： 浓度浅，入口顺滑，薄荷，草药，橙味啤酒，顺喉。

参数：
容量750毫升，酒精度45°，售价4000日元
详情可咨询：MHD酩悦轩尼诗帝亚吉欧公司

Maker's Mark
美格波本威士忌

此品牌的创始人塞缪尔斯家族是苏格兰移民，现在的蒸馏厂位于肯塔基州的罗雷特。公司的方针是手工少量生产，坚持逐瓶手工蜡封。该酒不使用黑麦，而使用冬麦为原料（玉米70%，小麦16%，大麦芽14%），风味温和。

香型： 丰富柔和，水果香，香草，枫糖浆，甘甜的焦糖。
味型： 浓度中等，极其柔和，奶油糖果，香草，橡木。

参数：
容量750毫升，酒精度45°，售价3748日元
详情可咨询：明治屋

Blanton

布兰顿单桶波本威士忌

古代(Ancient Age)公司于1984年上市的单桶波本威士忌，坚持在瓶盖上手工制作赛马的标志，为纪念波本威士忌名师阿尔伯特·布兰顿，其弟子埃尔马·T·布兰顿酿出了此酒，出自同一酒桶的威士忌装瓶时味道都有细微的差别。

香型：海枣，水果干，坚果，油脂香，后味中有香草冰激凌。
味型：丰富丰满，浓度强，甘甜柔和。
参数：
容量750毫升，酒精度46.5°，售价9620日元
详情可咨询：宝酒造
品牌系列：
布兰顿黑标／金标威士忌

Booker's

布克斯波本威士忌

占边公司的小批量系列之一，使用由该公司第6任首席调酒师布卡·诺沃亲自精选的酒桶，采用桶强装瓶，现在由其儿子弗雷德·诺沃负责数仪高，香型如香草和枫糖浆，口感柔和。

香型：枫糖浆，香草，蜂蜜，果香，口感非常协调，甘甜。
味型：浓度从中等到强，可可、椰子，后味中带薄荷脑味，余韵悠长。
参数：
容量750毫升，酒精度63°，市价
详情可咨询：朝日啤酒

Elijah Craig 12 years

爱利加12年波本威士忌

爱利加是肯塔基州最早的以玉米原料酿制的波本威士忌，品名来自浸礼教会牧师的名字，即"波本威士忌鼻祖"之意，但爱利加原是来自苏格兰的移民，制造该酒的是爱汶山公司，目前蒸馏厂在路易斯维尔。

香型：丰富强劲，熟透的水果，杏仁，黑莓
味型：力道强劲，柔和，枫糖浆，后味中带油脂香。
参数：
容量750毫升，酒精度47°，售价2268日元
详情可咨询：百加得（日本）
品牌系列：
爱利加12年／单桶18年波本威士忌等

Knob Creek
诺不溪波本威士忌

这也是占边公司生产的小批量系列之一，诺不溪是肯塔基州的一条小河，美国第16任总统林肯幼年时曾在河边生活过。此款威士忌的新酒度数相对较低，装在内侧烧焦的酒桶中历经9年酿熟。

香型：枫糖浆、香草、杏仁、丰富且有层次感，玉米的甘甜。
味型：甜且味辣，浓度从中等到强，香草、椰子、焦糖。

参数：
容量750毫升，酒精度50°，市价
详情可咨询：朝日啤酒

Jim Beam
占边黑麦波本威士忌

德国移民雅各布·彼姆在1795年创立此品牌，如今已在肯塔基州的克莱尔蒙特建成规模庞大的蒸馏厂。此酒的特点是使用了黑麦比例很高的酸醪，以及较低酒精度的新酒，酒中带有辣味，且风味馥郁。

香型：柔和清淡、香草、焦糖、香料。
味型：浓度中等、清淡、香草、橡木、香料，后味短且爽利。

参数：
容量700毫升，酒精度40°，市价
详情可咨询：朝日啤酒

品牌系列：
占边精选/黑标威士忌

Seagram Seven Crown
施格兰七冠威士忌

加拿大蒸馏业者约瑟夫·E·施格兰在美国禁酒令废除后的1934年，即注册成为"现地法人"（跨国公司在某国设立公司时，根据该国法律设立的法人），开始出售此款调和型威士忌，在十数种的试酿酒中，选定编号为7的一款，命名为七冠，口味清淡，至今仍在美国市场享有不可撼动的人气地位。

香型：清澈、清淡、黑麦、小、太妃糖、香气怡人。
味型：极其清淡且馥郁，甘甜，有谷物味道，口感调和。

参数：
容量750毫升，酒精度40°，售价2663日元
详情可咨询：麒麟啤酒

[第7节]
加拿大威士忌

加拿大威士忌的基础知识

加拿大威士忌以黑麦和玉米为原料,在世界五大威士忌中口味最清淡。
很好地搭配鸡尾酒,口感顺滑。

以黑麦为主要原料的口味清淡型威士忌

绝妙的调和技术,造就清爽的口感

在世界五大威士忌中,加拿大威士忌的口味最为清淡。以黑麦为主原料的风味威士忌,与以玉米为主原料的基底威士忌,二者加以调和,这就是一般的酿制方法。二者都需要超过3年的酿熟。现仍在营运的蒸馏厂仅七八家,数量十分稀少。

[加拿大威士忌专题] 1

禁酒令实施期间的加拿大威士忌

美国实施禁酒令,对于加拿大的威士忌商不啻为千载难逢的巨大商机。由于加拿大政府允许出口,威士忌商人们便千方百计向美国出口威士忌。

以加拿大俱乐部(海勒姆·沃克公司出品)为例,底特律河一旦结冰,普通人就会途径河面偷渡到加拿大,买回加拿大俱乐部威士忌,赚点外快。

加拿大威士忌的发展史

威士忌制造在加拿大的普及,可追溯到17—18世纪。1776年美国发表独立宣言,并规划着如何脱离英国统治,然而居住在美国东部的英国血统居民却不愿独立,他们越过国境线,移民到五大湖周边地区,在那里开始了谷物种植,这便是加拿大威士忌制造业的发端。大规模的制粉厂得以发展,农民不再囤积谷物,而是把剩余的谷物卖给制粉厂,这便催生了威士忌蒸馏业。加拿大早期的蒸馏厂,基本都是从制粉厂转型而来的。

"加拿大俱乐部威士忌"可以说是加拿大威士忌的代名词,由海勒姆·沃克公司出品,创始人海勒姆·沃克是个在底特律经营各种产业的富翁,1856年,他在底特律对岸,也就是今天的温莎市买下了40000英亩土地,1858年建成制粉厂兼威士忌蒸馏厂,这一年也是海勒姆·沃克公司元年。所酿出的威士忌被称为"俱乐部威士忌",这一名称也作为品牌名,印在瓶身上出售,这就是最早的加拿大威士忌之一,这种威士忌销量非常好,因此招来美国波本威士忌商人的不满,此后便规定,沃克公司必须在产品标签上打出"加拿大"字样,以示其血统。

[第7节]

Canada
加拿大

加拿大威士忌的分类

风味威士忌	基底威士忌	加拿大威士忌
主原料为黑麦，香味沉稳浓烈，酿熟超过3年。	主原料为玉米，即谷物威士忌。没有癖性。	将基底威士忌与风味威士忌相调和后加水所得。

[加拿大威士忌专题] 2

加拿大威士忌与鸡尾酒

具有油脂风味，口味清淡柔和的加拿大威士忌，与鸡尾酒是绝配。

1880年代，美国东部流行起加拿大威士忌。当我们回溯这段历史时，品味着朗姆酒调制的"纽约"，号称"鸡尾酒女王"的"曼哈顿"，以及"布鲁克林"这些鸡尾酒时，便会不禁联想起禁酒令时代来。而布鲁克林也是艾尔·卡彭*的出生地。

＊艾尔·卡彭：美国黑帮成员，出生于纽约布鲁克林，是20世纪二三十年代最有影响力的黑手党领导人。

布鲁克林鸡尾酒　　　　纽约鸡尾酒

日本威士忌

Canadian Whisky Collection

加拿大威士忌名品录

生产加拿大威士忌的蒸馏厂，如今仍在营运的仅6~7家。本节介绍3家主要蒸馏厂出品的3款威士忌。

Alberta Springs
阿尔伯塔的春天
10年加拿大威士忌

此酒的蒸馏厂于1946年建在加拿大西部的阿尔伯塔省，其周边是加拿大最大的黑麦生产地。在加拿大，无论基底威士忌还是风味威士忌，都以黑麦为主原料的蒸馏厂仅此一家。黑麦自带的辛辣味令威士忌的口感清爽。此款威士忌经木炭过滤器过滤，风味柔和香甜。

香型：柑橘、梅子、芬芳华丽，芳香似香剂，略带木质香。
味型：浓度中等，果香，且风味似奶酪、后味热烈，味辣。
参数：
容量700毫升，酒精度40°，市价
详情可咨询：朝日啤酒
品牌系列：
阿尔伯塔的春天特级/10年威士忌

Canadian Club
加拿大俱乐部威士忌

此酒出品自1858年海勒姆·沃克在加拿大最南端、安大略省的温莎市创建的蒸馏厂。这也是能够代表加拿大的威士忌蒸馏厂。一开始称俱乐部威士忌，后来因招来美国威士忌商的不满而改名为加拿大俱乐部威士忌，其特点是，基底威士忌和风味威士忌在新酒工序中进行调和。

香型：柔和顺滑，清澈，柑橘类水果，青苹果，姜。
味型：异常清澈，酒体柔和，鸡尾酒溶剂，爽口的高原水果。
参数：
容量700毫升，酒精度40°，市价
详情可咨询：三得利
品牌系列：
加拿大俱乐部黑标/经典12年/20年威士忌

Crown Royal
皇冠威士忌

1939年英国国王乔治六世公开出访加拿大时，加拿大进贡的便是此款威士忌。后来因为追求者趋之若鹜而开始在民间销售，现在由位于加拿大中部曼尼托巴省的吉姆利蒸馏厂酿制。这家蒸馏厂于1968年由施格兰公司建成，规模很大，2000年起归帝亚吉欧所有。

香型：顺滑且含果香，非常高雅，带有蜂蜜、枫糖浆的甘甜。
味型：柔和顺滑，柑橘类水果，薄荷的爽口风味。
参数：
容量700毫升，酒精度40°，售价3923日元
详情可咨询：麒麟啤酒
品牌系列：
鲁姆森/12年/18年威士忌

[第8节]
威士忌小知识

威士忌小知识10则

本节介绍10则威士忌相关的小知识。
了解了它们，你也能成为通晓威士忌知识的达人。

世界上最著名的威士忌人物是谁？

[小知识] 1

当然非"杰克·丹尼"莫属！创业于1820年的尊尼获加公司在策划此品牌之时，采用了一个昂首前行的绅士的形象。大礼帽、单片眼镜、红色双排扣常礼服、文明杖、黑色长靴，如此形象的绅士形象一经问世，在社会上立刻引发了大话题。

尊尼获加其实是当时英国知名的漫画家汤姆·布朗所创作虚拟人物，与此同时，该公司还打出了"Born in 1820 still going strong"（尊尼获加生于1820年，至今仍昂首阔步向前）的著名口号。而尊尼获加今天依然活跃在全世界的酒吧中。

威士忌是否有利健康？

[小知识] 2

当今社会，或许是人们都特别重视健康和养生的缘故，对威士忌是否有益健康的问题也展开了讨论。与日本酒、啤酒相比，威士忌的热量非常低。一瓶啤酒的热量约为250千卡，以同等酒精度的威士忌来说，相当于一杯双份威士忌，但是180千卡的热量，只相当于啤酒的70%。而用来酿熟威士忌的橡木酒桶所含的多酚，对预防衰老和疾病也有一定作用。威士忌还是女性的福音，酒中所含成分可以抑制黑色素生成。由此可见，饮用威士忌或许还有美肤的作用。但即使如此，还是应避免过量饮用。

源于世界的"伊知郎"的麦芽？！

[小知识] 3

2008年3月在埼玉县秩父市建厂的"冒险威士忌秩父蒸馏厂"，是日本时隔约20年后才新增的蒸馏厂，因此在威士忌爱好者中引起了很大的反响。该厂生产的单一麦芽威士忌以"イチローズモルト"（伊知郎麦芽威士忌）的商标上市，这里的"イチロ"可不是棒球明星铃木一郎，而是创始人肥土伊知郎*。伊知郎麦芽威士忌在2007年的世界威士忌大赛中获得了最佳日本单一麦芽威士忌的荣誉。从这一点上来说，还真堪比铃木一郎在棒球界的一哥地位。

＊在日语中，"伊知郎"与"一郎"的发音都是"Ichiro"。

威士忌小知识

[小知识] 4

解密杰克·丹尼酒标上的"7"

杰克·丹尼瓶身商标的中央位置,印着英文"NO.7"的字样。对其含义虽众说纷纭,真相却仍扑朔迷离。这里姑且从这些猜想中试举一例,以满足好奇的看客们。杰克·丹尼的创始人名叫贾斯珀·牛顿·丹尼,人称杰克。他是个身高155厘米的小个子,却特别热衷于音乐和舞会,很受女性的青睐,是田纳西州首屈一指的型男。杰克生前有过7位情人,因此商标上的"NO.7"莫不就是他向这些情人传达的信息?

加水加冰块是日本人的原创?

日本人喝威士忌时,一定会选择在少量的威士忌中加水。但其他国家的人们也常用此法,因此并不稀奇。虽然将威士忌作为用餐时的配酒,是日本独有的文化,但在威士忌中加水的饮法,则是在以银座为主的俱乐部文化中发展起来的。适合普通家庭在晚餐后来上一杯,加水饮用。大概也只有水质优越的日本才会发明这种饮法吧。

自古以来,苏格兰的蒸馏厂中就有养猫的传统。养在蒸馏厂中的猫即称为"威士忌猫"。养猫的目的,是保护厂中的大麦免遭鼠患。有些蒸馏厂为了表彰厂中威士忌猫的辛勤工作,还将其作为"驱除有害动物功臣",载入公司员工名册。而其中最著名的威士忌猫,是格兰杜雷特蒸馏厂的"大狗"。在它的职业生涯中,共计捕捉了28899只老鼠,并以此被选进了吉尼斯世界纪录。它习惯把捉到的老鼠放在特定的位置,由厂里的员工每天记录数目。它活了23年零11个月,这在猫族中已算得上长寿。如今,它已被人们塑成铜像加以纪念。

吉尼斯世界纪录中的捕鼠英雄

[小知识] 5

[小知识] 6

[小知识] **7**

日本最早喝威士忌的人是谁?

这个问题的答案有各种版本,其中一种是日本幕府时期渡海来到美国的约翰万次郎,但这些版本的说法都无法找到证据支持。有文献记载的是1853年7月,佩里将军在浦贺冲用威士忌来款待幕府的翻译与捕吏。这批被款待的人,或许就是日本最早喝威士忌的人吧。

[小知识] **9**

蒸馏厂神秘之旅

在苏格兰的蒸馏厂中,流传着一些类似神秘学的传说。关于"爱喝威士忌的精灵"的传说,在格兰罗塞斯蒸馏厂代代相传。这个幽灵其实是一个从南非的路边捡来的孤儿布拉瓦·马克龙嘉,他被当地的格兰特大佐收为养子,度过了幸福的一生。他长眠的墓地可以俯瞰格兰罗塞斯蒸馏厂。此后,蒸馏厂进行了扩建。有工人在当时新建的蒸馏塔里看到了这个曾经的孤儿的身影。

另外,慕赫蒸馏厂那寄居着魔女的壶式蒸馏器也很著名。或许还能在蒸馏厂来一场神秘之旅?

[小知识] **8**

世界上最畅销的威士忌

世界上最畅销的单一麦芽威士忌究竟是哪一种呢?若论苏格兰的话,斯佩塞地区格兰菲迪蒸馏厂出品的"格兰菲迪单一麦芽威士忌"年销售量在70万~80万箱(每箱12瓶),20年来稳坐全球销售量的冠军宝座。若论所有的威士忌的话,最畅销的单一麦芽威士忌品牌则是美国的杰克·丹尼,年销量约890万箱。尊尼获加的黑标威士忌年销量400万箱,该品牌还有红标、蓝标、金标、绿标等系列。因此,如果不论单一品牌的话,世界上销量最高的品牌应是尊尼获加。

[小知识] **10**

世界上最大的威士忌消费国是哪个?

答案是印度。印度超越美国,跃居世界第一威士忌消费国的时间是2003年左右。印度国民中超过80%信仰印度教,并不喜欢饮酒。但这几年随着经济的发展,中产阶级人数激增,啤酒、葡萄酒、威士忌等各种酒在大街小巷都可以见到。对于他们来说,喝威士忌已成为身份地位的象征。其中大部分是印度产的威士忌,也有部分苏格兰的调和型威士忌。在今天的印度,营运着近10家蒸馏厂,生产着具有独特个性的印度威士忌。

图书在版编目(CIP)数据

威士忌赏味指南 / 日本EI出版社编著 ; 方宓译. —武汉 : 华中科技大学出版社, 2018.8
ISBN 978-7-5680-4278-9

Ⅰ.①威… Ⅱ.①日… ②方… Ⅲ.①威士忌酒-品鉴-指南 Ⅳ.①TS262.3-62

中国版本图书馆CIP数据核字(2018)第139833号

WHISKY NO KISOCHISHIKI © EI Publishing Co.,Ltd. 2010
Originally published in Japan in 2010 by EI Publishing Co.,Ltd.
Chinese (Simplified Character only) translation rights arranged with
EI Publishing Co.,Ltd. through TOHAN CORPORATION, TOKYO.

简体中文版由 EI Publishing Co., Ltd. 授权华中科技大学出版社有限责任公司在中华人民共和国（不包括香港、澳门和台湾）境内出版、发行。
湖北省版权局著作权合同登记　　图字: 17-2018-116 号

威士忌赏味指南
Weishiji Shangwei Zhinan

（日）EI出版社 编著　方宓 译

出版发行：	华中科技大学出版社（中国·武汉）	电话：	(027) 81321913
	北京有书至美文化传媒有限公司	邮编：	430223
出 版 人：	阮海洪		
责任编辑：	莽　昱　康　晨		
责任监印：	徐　露　郑红红　封面设计：	锦绣艺彩	
制　　作：	北京汇瑞嘉合文化发展有限公司		
印　　刷：	鸿博昊天科技有限公司		
开　　本：	880mm×1230mm 1/32		
印　　张：	6.25		
字　　数：	122千字		
版　　次：	2018年8月第1版第1次印刷		
定　　价：	69.00元		

本书若有印装质量问题，请向出版社营销中心调换
全国免费服务热线：400-6679-118 竭诚为您服务
版权所有 侵权必究